成长也是一种美好

村风食里

无肉不欢

快手编辑部·著

人民邮电出版社

北京

图书在版编目（CIP）数据

村风食里·无肉不欢 / 快手编辑部　著. -- 北京 : 人民邮电出版社, 2024.1
ISBN 978-7-115-63359-0

Ⅰ. ①村… Ⅱ. ①快… Ⅲ. ①饮食－文化－中国－文集 Ⅳ. ①TS971.2-53

中国国家版本馆CIP数据核字(2023)第228260号

◆　　著　快手编辑部
责任编辑　王铎霖
责任印制　周昇亮
◆人民邮电出版社出版发行　　北京市丰台区成寿寺路11号
邮编 100164　电子邮件 315@ptpress.com.cn
网址 https://www.ptpress.com.cn
天津市豪迈印务有限公司印刷
◆开本：720×960　1/16
印张：8　　2024年1月第1版
字数：200千字　　2024年1月天津第1次印刷

定　价：79.80元

读者服务热线：(010) 67630125　印装质量热线：(010) 81055316
反盗版热线：(010) 81055315
广告经营许可证：京东市监广登字20170147号

序　言

短视频和直播时代的到来让整个世界变“薄”了。小屏幕里有来自五湖四海的人，他们滚烫鲜活的日常拓宽了我们对远方的想象。

作为全国头部的短视频和直播社区之一，快手提供了丰富多元、包罗万象的内容，这些内容呈现了一种质朴的、接地气的真实生活，使我们通过快手看到了乡村美食的野趣，看到了群众体育的村潮，看到了平凡日常的温暖，还看到了许多充满生命力的普通的快手创作者。

民以食为天。在本书中，我们就以美食为线索，和快手上的美食创作者聊聊天，了解他们记忆里印象最深、最有意义的一道肉菜。他们中不乏美食自媒体界的“顶流”，比如在各平台上粉丝均超千万的潘姥姥。年过六旬的她最忘不了的美食还是年少时哥哥煮的金寨吊锅。他们中也有像向小荡、红红这样刚起步的美食创作达人。由于爱吃、懂吃，他们便随手在快手上分享家常菜，却收获了几十万粉丝的关注和点赞，让自己的生活多了一种可能。

在这些美食创作者的故事里，打动人心的不仅是食物丰富的滋味，更是背后的情意。

这些故事里有父母对孩子的爱。拥有 1400 万粉丝的“农村会姐”拍美食短视频的初衷竟十分简单，只是记录 3 个孩子成长的点滴日常，她希望他们长大后再看到这些画面时能记起妈妈是怎么腌肉、揉面团的。

这些故事里有小辈用满桌美食对长辈给予的毫无保留的爱的回应。“00 后”美食创作者“钞可爱”在见识了大都市的精彩之后，甘愿回到小山村，陪伴爷爷过起了每天撵鸡撵鸭的山居生活，对她来说，幸福不过是复刻一碗爷爷最拿手的四川自贡冷吃兔当下酒菜。

一道菜也会成为爱情故事的注脚。“乡野丽江 娇子”第一次吃到丽江腊排骨还是在和现在的丈夫第一次约会时，那是在大学小吃街上的一家不知名的饭馆里，后来这道菜成了他们婚后餐桌上的“常客”。

不少中国人都有些含蓄，只有在围坐一桌吃饭时才会吐露半分情感。这些做法各异的肉菜背后，有人们对情感的珍重和对未来的美好希冀。

美食也拨动了人们命运的齿轮。有的美食创作者尝试发表美食短视频的起因是，线下店铺经营不善，日子捉襟见肘，总要想点别的出路。他们想到自己爱吃也爱捣鼓吃，就尝试着和屏幕对面的网友分享自己店铺或餐桌上的每一道菜，没想到却做出了名堂，收获了不少粉丝的支持，也有了一定的经济来源。就像美食创作者“条件有限”说的，他曾经每天进电子厂，在流水线上工作，下班就回家吃饭、睡觉，他以为自己的人生就是这样，平淡如水，没有奔头，没想到一台简单的设备、一个小小的屏幕，却彻底改变了自己的生活。

快手背后的短视频直播时代，让更多的普通人成为美食创作者，得到了被看见的机会。他们不仅能“拥抱每一种生活”，更能“拥抱每一种好生活”。

面对突如其来的关注，这些美食创作者的心态却很从容、平稳：河南濮阳的“农村会姐”仅在快手上的粉丝就已破千万，但她却没有搬到城里的楼房里，依然和丈夫及 3 个孩子守着村口的小院。用她的话说：“打开门就是一棵苹果树和一片绿油油的玉米地，老美了，全是钢筋水泥的城市可比不了这里。”家住黄土高坡的“陕北霞姐”一听到别人喊她网红，脸就更红了。她还不那么适应人们的注目，有时走在街上

被粉丝认了出来，她只疑心是自己穿错了衣服，结果闹了个大笑话。

聊起当下的生活和未来的规划，他们不会描摹太多宏伟蓝图，而会更关心真实生活的具体问题：肉有没有腌到位；今年冷得晚，腊肉的肉质紧实吗；地里摘的二荆条能不能逼出仔兔的香气……

听着他们的故事，我们也不自觉地放松了紧绷的神经，渐渐舒展眉头。通过短视频的声音和视频画面，我们可以想象另一种远方的生活：溪流流淌，黑山羊临溪饮水，西风吹过高山，带来了熏房里腊肉的松木香；炊烟升起，等到村落亮起星豆般的灯光，人们知道一天的忙碌结束了，又到了围着一炉黄土豆腊肉火锅聊家常的时间。

好好吃饭、认真生活，怀抱一颗平常心，同时勤恳努力，用记录、分享来获得更好的生活，这就是所有快手创作者朴素而珍贵的生活哲学。

我们仍记得在稿件筹备阶段，快手美食创作者“牧民达西”打来的一个视频电话。屏幕那头的他对着镜头，悠悠地说：“我就想让你们看看这远处的牛羊，听到了吗，来自我们草原上的风正呼呼地吹着。”就这样，呼伦贝尔的风也吹进了后厂村的办公室。

我们也想把这阵风带给大家，让大家在忙碌的生活里，看看天南地北的各种肉菜的做法、热气腾腾的日常，回想记忆里那道独一无二的肉菜的味道，拾得一分闲趣。

让我们在熟悉的村风间探寻食物的味道，体会快手美食创作者的生活哲学，一起慢下来。

快手科技副总裁　陈思诺

目录

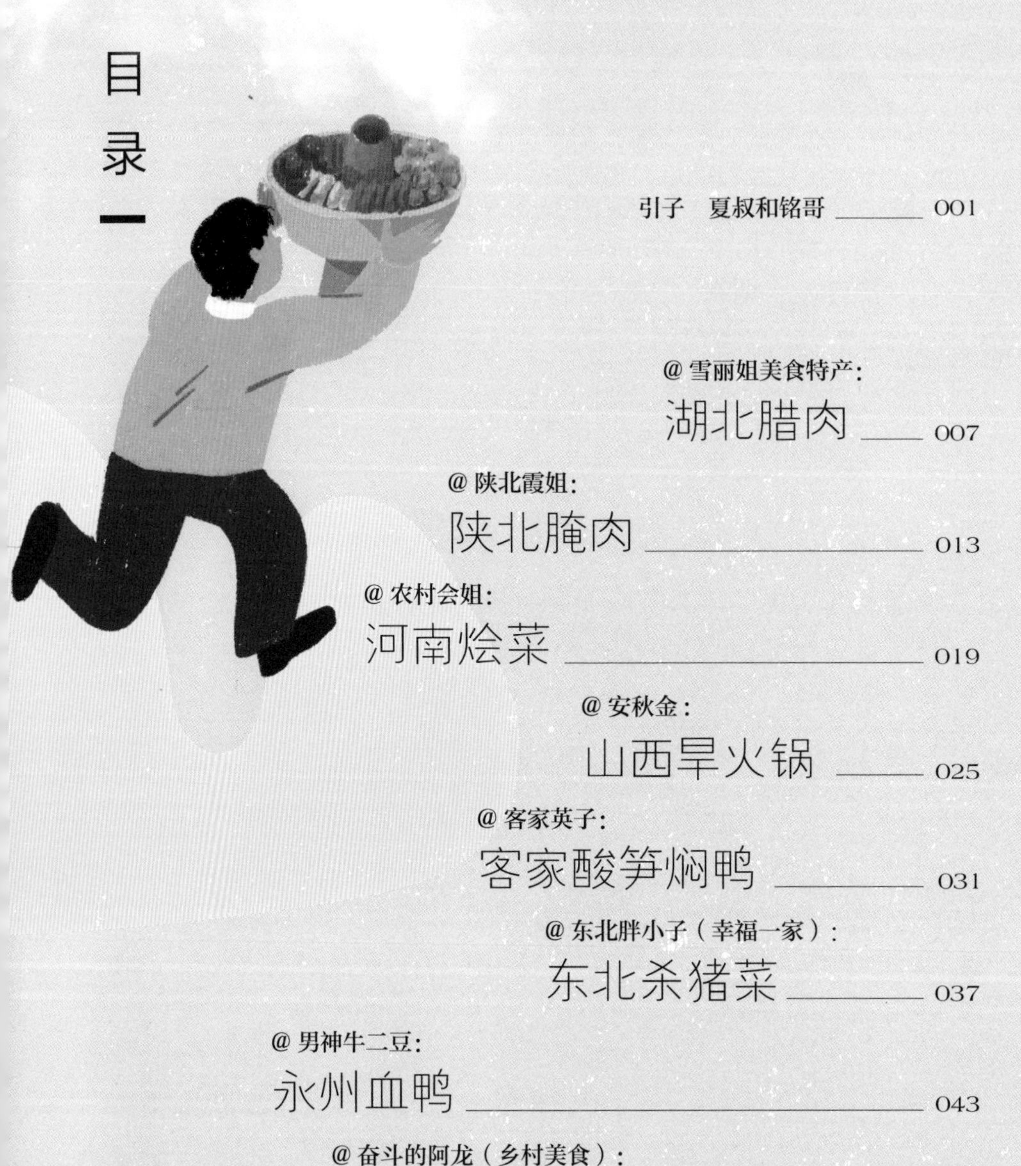

引子　夏叔和铭哥 001

@雪丽姐美食特产：
湖北腊肉 007

@陕北霞姐：
陕北腌肉 013

@农村会姐：
河南烩菜 019

@安秋金：
山西旱火锅 025

@客家英子：
客家酸笋焖鸭 031

@东北胖小子（幸福一家）：
东北杀猪菜 037

@男神牛二豆：
永州血鸭 043

@奋斗的阿龙（乡村美食）：
信阳焖罐肉 049

@红红的菜：
河北八大碗 055

@ 上青杰哥:

闽南血龙炖牛腩 ____ 061

@ 钞可爱:

自贡冷吃兔 ____ 067

@ 乡野丽江 娇子:

丽江腊排骨 ____ 073

@ 向小荡:

自贡鲜锅兔 ____ 079

@ 郭柳玲:

广西干锅羊肉 ____ 085

@ 条件有限:

亳州牛肉馍 ____ 091

@ 乡村美食炊二锅:

泸州荤豆花 ____ 097

@ 山村小杰:

福建竹沥鸡 ____ 103

@ 牧民达西:

内蒙古肚包肉 ____ 109

@ 潘姥姥:

安徽金寨吊锅 ____ 115

“希望美食对你们来说不只是果腹充饥之物，更是柴米油盐下积极向上的生活。”

@ 夏叔厨房

快手美食创作者，快手 ID:2198637606，粉丝 830[①]万

夏叔是中国烹饪大师，中央电视台多档美食节目特邀嘉宾，通过短视频传授各种美食做法。作为国宴级主厨，夏叔的美食观却非常朴素。他觉得越是做家常菜越考验功底。能把一道菜的做法教给很多人的人，才真正称得起高手。

“想把做菜这件事变得简单，让看我视频的粉丝们更愿意亲手去试一试。”

@ 铭哥说美食

快手美食创作者，快手 ID:1789773800，粉丝 644 万

铭哥是连锁餐饮店的老板，对美食颇有研究。现在，他主要在短视频里教一道招牌菜的做法——准确来说，是全国各地不同餐厅的每一道招牌菜的做法。铭哥嘴巴挑剔但性格豪爽，总能跟餐厅老板们交上朋友，请教一番招牌菜的做法，再在视频里手把手还原这道招牌菜。

① 数字截至 2023 年 12 月 27 日，后同。——编者注

引子 夏叔和铭哥

夏叔，17 岁做学徒，47 岁就已做过 2 届北京奥运主厨，主理 100 多场国宴，在中央电视台及其他卫星电视台的近 3000 场节目中传播美食文化；2008 年，拿下了第六届中国烹饪世界大赛的特金奖，把中国美食成功带到国外。

荣誉拿到手软的夏叔却有着相当朴实的美食观。

他认为，能不能做好一道菜，重要的不是技法，而是这道菜背后的情感联结。

对制作者来说，带着怎样的心情去做菜，十分重要。制作者心情好的时候，做出来的菜会更好吃，心情不好时，做出来的菜也会自带情绪。夏叔做短视频的初衷，就是做一个快乐的分享者，通过短视频将中国传统美食文化里美好的部分分享给粉丝，让人们能从中感受到积极向上的力量，或者能解决一些生活中的实际问题。

他还记得，曾经有个粉丝和他私聊，说奶奶得了癌症，因为自己是奶奶一手带大的，所以一直以来都很想为奶奶做顿饭，尽一尽自己的孝心。可是家里的食材很有限，自己的厨艺也挺一般的，就想着向他求份“专属菜谱”。宠粉的夏叔看到私信后，二话不说，就为粉丝定制了一份菜谱，圆了他想要尽孝的心愿。

可以想象，当那位奶奶吃到孙子做

的菜肴后，无论其味道是咸还是淡，其中满满的欣慰、感动都足以让这道菜肴成为奶奶心里最无可替代的美食。

在众多中国人心里，也有这么一道难以忘怀的菜。山西人管它叫旱火锅，河南人叫烩菜，东北称之为杀猪菜，安徽叫它吊锅……别看叫法不一样，这道菜说到底都是将手边的各种食材按照当地的烹饪特色“烩”到一起。然后一家人甚至会一村人围在一起，忆往昔，聊近况，共同商讨接下来的打算。食物的味道固然重要，但更值得珍惜的是大家聚在一起的圆满、热闹。

除了情感联结，食材本身的原汁原味也是夏叔所看重的。

他常说，食物最精彩的瞬间，就是“在食地”。就像一条美味的鱼，如果你能吃到它最原始的味道，一定能品味到大海赋予它的鲜美。如果历经长途跋涉，风吹日晒，它很多原有的“鲜”会损失。

而且，食材的“鲜”是没有办法用金钱去衡量的。在他眼里，哪怕是从小山村的土地里刚挖出的土豆，只要是新鲜的，就比一些价格上万元的食材更让他惊喜。还有广西的黑山羊。只有当你到当地亲眼看到黑山羊怎么爬山崖、走峭壁，怎么在灌木丛中觅食、喝清甜无污染的山泉水时，你才能明白为什么那里的黑山羊肉会那么好吃。

想品尝到极致的美味，就要到离食材最近的地方去。就像湖南永州人做血鸭，一定得用当地特有的品种——麻鸭。其外形像大雁，吃起来却无比鲜嫩弹牙，尤其是配上鸭血一起炒，别有一番风味。同样是就地取材的，呼伦贝尔大草原上的牧民们用散养的呼伦贝尔羊做出一个个拳头大小的肚包肉，给难得的家庭聚会的餐桌上添上一道硬菜。到了福建沿海，人们对“鲜”的追求更是到了极致。为了订到一条上好的血龙，当地人舍得花钱还不够，还舍得去维系跟船老大的关系，舍得早早地就离开被窝去海边守候。

订到的血龙，当地人也舍不得直接拿来清蒸，非得搭配新鲜的黄牛腩，小火炖煮，让肉中骄子与海味充分结合在一起，充分展现闽南人追求的“上青”[1]味道。

除了要“食在地”，食材的时令也很重要。就像广西人吃鸭，一定得搭配当地长得正好的时令笋：春季是刚冒尖的毛竹笋，初夏就是爽脆的大头甜笋，七八月是麻竹笋，到了年末就是冬笋。用时令笋自制而成的酸笋，自然是外面卖的酸笋没法比的。用自制酸笋配上自家养的鸭，那叫一个绝配！

身为餐饮企业家，在短视频平台有千万粉丝，足迹遍布全国各地，专门解密餐厅招牌菜的铭哥，对此也有着极为深刻的感触。

有一次，他去西湖边上的一家老杭帮菜馆子探店，其中两道招牌菜很不一般。一道是龙井虾仁。这道菜用的都是细嫩爽滑的手剥河虾，其虾仁偏小，配上清明前后的龙井茶，虾仁被裹上了一层淡淡的茶香，蘸着醋吃，口感Q弹又细腻，回味无穷。另一道就是黄鱼鲞扣肉。外地人大多没吃过这道菜，摆盘乍一看让人以为是红烧肉，但对当地人来说，这可是一道再熟悉不过的家常菜。正所谓一方水土养一方人，很多家常菜的背后，都蕴藏着当地独有的风土人情。

像制作黄鱼鲞扣肉的黄鱼鲞，就取自浙江当地盐渍晒干的大黄鱼。铭哥从老板青姐那里得知，在20世纪60年代，每逢3～5月的鱼汛，江浙沿海的大黄鱼就多得根本吃不完。那会儿大家条件不好，没有冰箱和冷库，渔民就把鱼捞上来，用盐腌制一下，延长鱼的储存时间。

因此，一道黄鱼鲞扣肉，体现的并不是杭帮菜名厨高超的手艺，而是当地的饮食文化特色和劳动人民的生存智慧。

同样是为了更好、更久地储存食物，不同地方的人总会有不同的智慧。湖北人会利用

1　在闽南话中，上青表示新鲜。——编者注

山间适宜的温度、湿度和取之不尽的木材，用香樟木“熏”肉；丽江人则利用当地四面环山、早晚温差大以及冬季风大且气候干燥的特点，建起了一间间通风极好的“粮仓”，用风干而成的腊排骨做的火锅，备受当地人和来往游客的喜爱；信阳人更有意思，他们将腌好的猪肉切成块，装进一个个陶罐里，用古时就有记载的“油封法”让陶罐里的肉放上一年都不会坏！到了陕北的黄土高原，窑洞成了当地人天然的冰箱，在物资贫乏的年代，一年才制作一次的陕北腌肉，不仅是孩子们眼中稀缺的美食，更是家人藏在米饭里的爱与温暖。

在一些地方，美食和当地的文化交融，你中有我，我中有你，成了一方水土的特色名片。如四川泸州为了宣传荤豆花，不仅建起了“川南第一磨”、豆花一条街，还办起了文化旅游节，以吸引更多游客前去；安徽亳州的牛肉馍，也在《早餐中国》等美食节目中一战成名，使人们透过一块块牛肉馍，对亳州的早酒文化、药都地位和丰富多彩的早餐搭配有了更多认识；在“最让兔子闻风丧胆”的四川，兔菜的制作手法五花八门，既有冷着吃更好吃的小零嘴——冷吃兔，也有主打一个“快”且吃起来又嫩又鲜的鲜锅兔；到了河北正定，如果你能吃上一回八大碗，那一定要珍惜这难得的缘分！老一辈人都说，在婚礼喜宴上，谁要是能吃到八大碗，就能讨到彩头、沾到喜气！

通过铭哥的视频，我们可以跟着他走南闯北，破解这些隐藏在美食背后的人文密码。

虽然男女老少都对美食情有独钟，但自己动手制作美食却是件不容易的事情。美食短视频的出现既让做菜，尤其是“向各地优秀的美食达人学做菜”这件事变得简单，也让更多喜爱美食的人愿意钻进厨房，亲自尝试为自己的家人、朋友制作美食，用美味让彼此的心贴得更近。

夏叔制作美食短视频的目的也是如此，他总说：“希望美食对你们来说不只是果腹充饥之物，更是柴米油盐下积极向上的生活。”

在这广阔天地间，唯有美食与爱不可辜负。

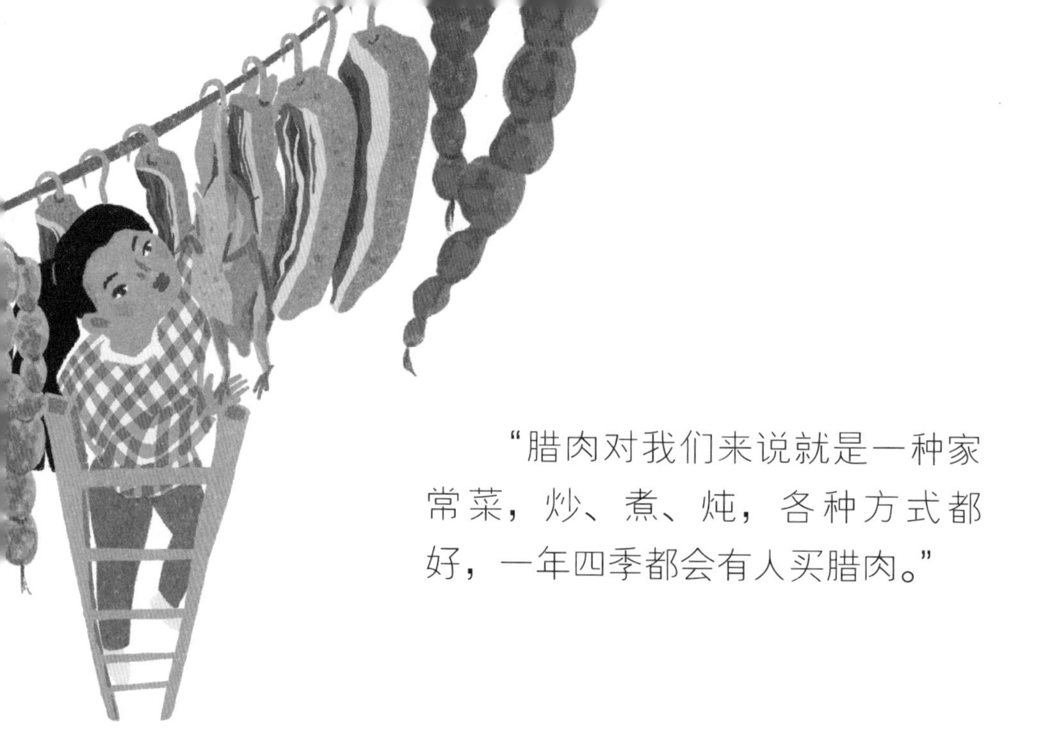

“腊肉对我们来说就是一种家常菜，炒、煮、炖，各种方式都好，一年四季都会有人买腊肉。”

@ 雪丽姐美食特产

快手美食创作者，快手 ID:589732366，粉丝 36 万

雪丽姐是湖北宜昌人，早年曾在模具厂打工，2014 年回乡做腊肉生意，2016 年开始在快手上发表与腊肉相关的视频。雪丽姐的生意越做越大，她每年用于腌制腊肉的猪多达上百头，她也特地在五峰山里建了熏房，为的就是为客户提供更好的腊肉。

湖北 腊肉

“鲜”字诀是人类食物表上永恒的话题。

如果“鲜”字诀食材是大自然给予人类的馈赠，那么“腐”字诀食品则是人类智慧进化的结晶。

那么人类为什么在拥有丰富的“鲜”字诀食材时，还要创造出“腐”字诀食品呢？真的是为了获得美味吗？不仅仅是美味，“腐”字诀食品更是人类将生存的欲望发挥到极致的结果。

“腐”字诀食品有很多，比如泡菜、豆腐乳、腌菜、酸笋、腊肉……

夹一块腊肉、一块泡菜放进嘴里，腐香的味道让我们幻想远古生活：在食物匮乏的冬季，取下洞壁上悬挂了九九八十一天的肉，掏出陶罐里的腌菜，一家人围在火堆前共享美食。

《周礼》中零星记载着以腊肉作为礼物的故事，可见腊肉出现得比史书记载的还要早。

跟随古人迁徙的足迹，腊肉也迁徙到了全国各地。古人也根据各个地方独特的气候条件，把一块平常的肉“挂”出了不平常的味道。

为了寻找同种食材风味的差异，我们踏上了寻觅美食之旅 。我们在飘着雨雪的冬季来到湖北，有幸实地经历了湖北人做腊肠、腊肉、腊鱼干的全过程，也品尝了这些难得的楚地佳肴。

冬至杀猪，这是楚地一直延续的古老风俗。雪丽姐一家在湖北宜昌农村生活了几十年。到了冬至，村里的男女老少都开始忙活。

凌晨三点，凄切的叫声惊醒了梦中的我们。

我们透过灰黄的灯光，看见村里的大汉们正在屠宰被喂养了一年的大黑猪。

被屠宰的这些猪并不是用来宴请我们的，它们将成为雪丽姐特意为春节准备的供

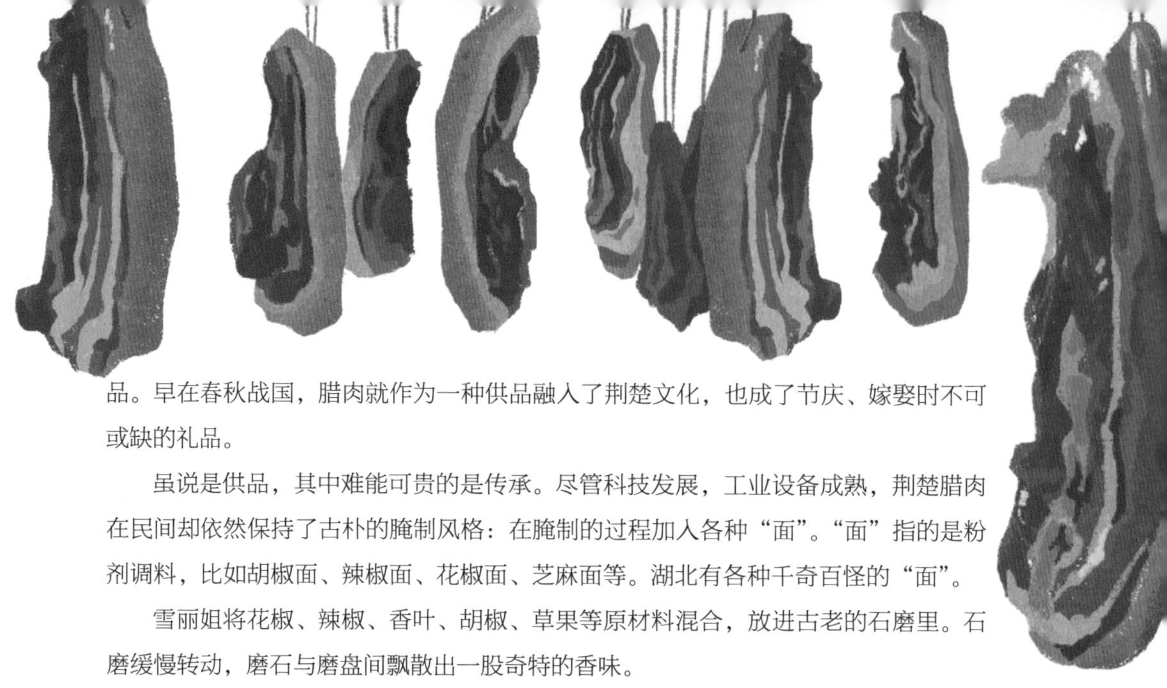

品。早在春秋战国，腊肉就作为一种供品融入了荆楚文化，也成了节庆、嫁娶时不可或缺的礼品。

虽说是供品，其中难能可贵的是传承。尽管科技发展，工业设备成熟，荆楚腊肉在民间却依然保持了古朴的腌制风格：在腌制的过程加入各种“面”。“面”指的是粉剂调料，比如胡椒面、辣椒面、花椒面、芝麻面等。湖北有各种千奇百怪的“面”。

雪丽姐将花椒、辣椒、香叶、胡椒、草果等原材料混合，放进古老的石磨里。石磨缓慢转动，磨石与磨盘间飘散出一股奇特的香味。

我们闻着这奇特的香味，问雪丽姐：“为什么不用现成的原料做调料呢？比如胡椒颗粒、花椒颗粒、鲜辣椒等。”

雪丽姐一边把石磨中的混合香料撒进待腌制的猪肉，一边告诉我们：“湖北的夏天很热，雨季也长，很多香料易潮、不好保存，最好的保存方式是做成粉状。再说，粉状的调味料不但能让菜肴更加入味，而且还不浪费。”在调料的运用上，荆楚人把节省做到了极致。

另外，让我们感到好奇的是，雪丽姐到底如何熏制这么多的腊肉？于是我们决定跟着雪丽姐去一探究竟。

雪丽姐把所有猪肉都装上一辆小货车，我们的车子紧随其后。满载猪肉的小货车穿过城区，来到千峰百嶂的深山老林。空气里飘荡着的满是香樟树的味道。

我们的车子从山脚爬到山顶，山路崎岖、颠簸不停。

雪丽姐看着几近被颠晕的我们，笑着说：“城里的地势比较低，湿度太大，温度太高，不利于猪肉的保存和风干。而且城市要环保，不能燃烧木料，再说了，城市地价高，可用的空间有限，无法囤积大量的木材用来熏制腊肉。山里温度低，肉不容易坏。而且你们看，这里宽敞得很，还有用不尽的木材。”

是的，城市更适合忙碌地工作、沉默地生活，传统的制作

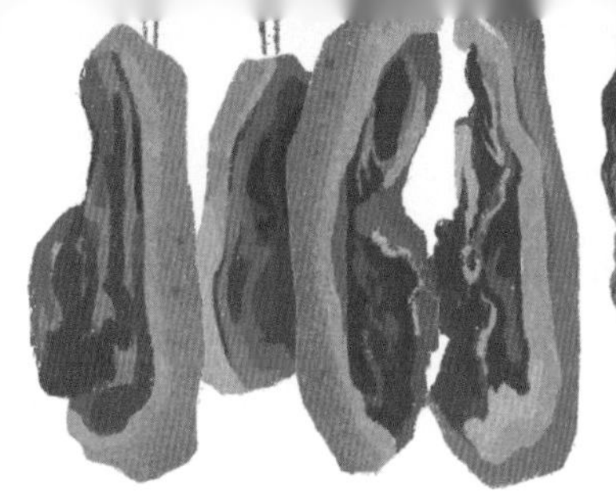

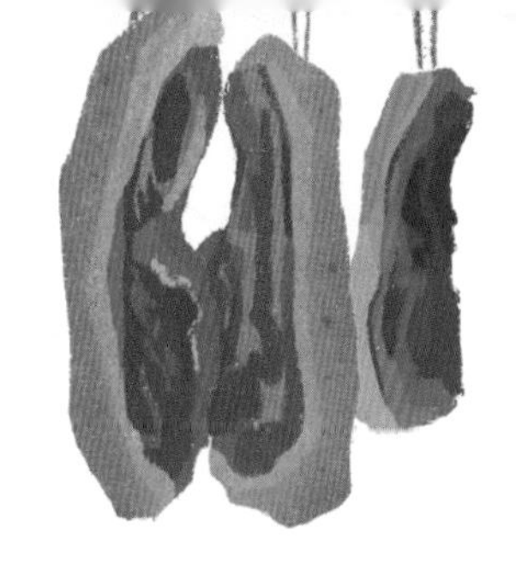

方式可能也只能被遗留在这片没有被现代工业侵蚀过的山野间。

说话间，我们的车停在了半山腰。山腰间的密林中有一平坦开阔处，上面建了几间简易的平房，还有一栋黄土墙搭成的“楼房”。这栋“楼房”有十几米高，内有三层，每一层用大横梁分隔开来，中间用密密麻麻的小横木隔出空间，横木上还有间隔相同的铁钉。这栋“楼房”正是熏楼。

恐高的小伙伴从最高一层往下看，双股瑟瑟发抖。雪丽姐手提穿着红绳的猪肉，一步一步地走进熏楼，把猪肉挂在钉子上，再随手把猪肉给撸直了。

雪丽姐把腌制好的猪肉挂进熏房的横梁上后，点燃了香樟木。香樟木特有的香气被烟雾裹挟着，一点点熏入猪肉。

雪丽姐一边熏腊肉，一边解答我们的各种疑惑：“现在市面上流行的所谓各种独特风味的熏肉都是瞎说的，松柏树枝烟熏肉才是古楚传承下来的。用松柏树枝熏肉能驱虫，防苍蝇，其中柏树香还有清热解毒、安神杀菌的作用。后来松柏树越砍越少，就用香樟木取代。别看我们腌制的腊肉多，需求量也大呀。腊肉对我们来说就是一种家常菜，炒、煮、炖，各种烹制方式都好，一年四季都会有人买腊肉。”

熏楼里的香樟木在地上慢慢地燃烧，肉里的油脂和水分被缓慢升温的热气逼出，就像人慢慢流出的汗水一样。十几天之后，腊肉已经初步制作完成了，在剩下的日子里，就是被挂在阴凉处慢慢风干。

湖北的冬天没有北方的冬天冷，也不像其他南方省份那么潮湿，适度的冷与湿，让熏肉保持适度的水分和口感。直到晾晒了七七四十九天，在承载人们沉甸甸期待的春节来临时，腊肉将作为一道主菜被端上荆楚人的餐桌。

在我们离开村子的前一晚，雪丽姐特地为我们备下了一席腊肉宴：渣广椒炒腊肉、麻辣香肠、腊猪蹄炖土豆坨坨、风干鸡……最让我们难以忘怀的还是一锅热气腾腾的土豆腊肉火锅：腊肉的烟熏味道、油脂的浓香、土豆的绵软、汤汁的醇厚，各种味道夹杂，在舌尖依次绽开，这是对味蕾的巨大慰藉。雪丽姐看出了我们的陶醉，面

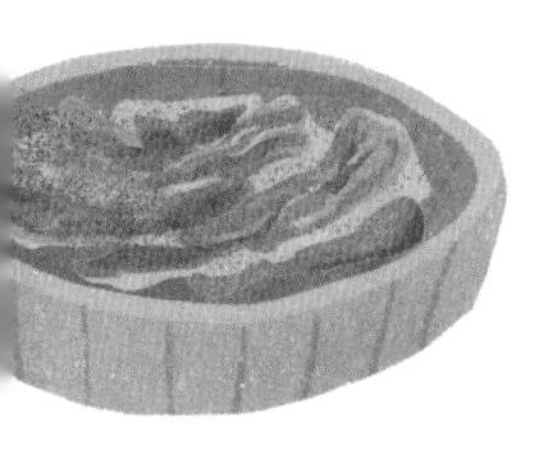

带得意地说："是不是很香？这是我们最好的五花肉，熏制的时间长，味道也浓。土豆用的是最好的高山黄土豆。"

我看着碗中的腊肉，本来有些干瘪的腊肉，经过热度和湿度的酝酿，渐渐变得丰满和通透。晶莹剔透、色泽如玉、微黄透红，入口软糯弹牙，淡淡的香樟树香味在口中盘旋，苦中带点儿甘甜，吃起来味道醇香。"肥不腻口，瘦不塞牙"是检验一块好荆楚腊肉的标准。这一口，直叫人从这一年惦记到下一年。

第二天临走时，雪丽姐把一块有点黑红的大腊肉用报纸包好，放进塑料袋里送给了我们。她说，过年时节，荆楚大地的人们都喜欢拿着自己做的腊肉送亲戚朋友，这也是他们表达祝愿的一种形式。

这也是我们离开湖北时收到的最珍贵的礼物。

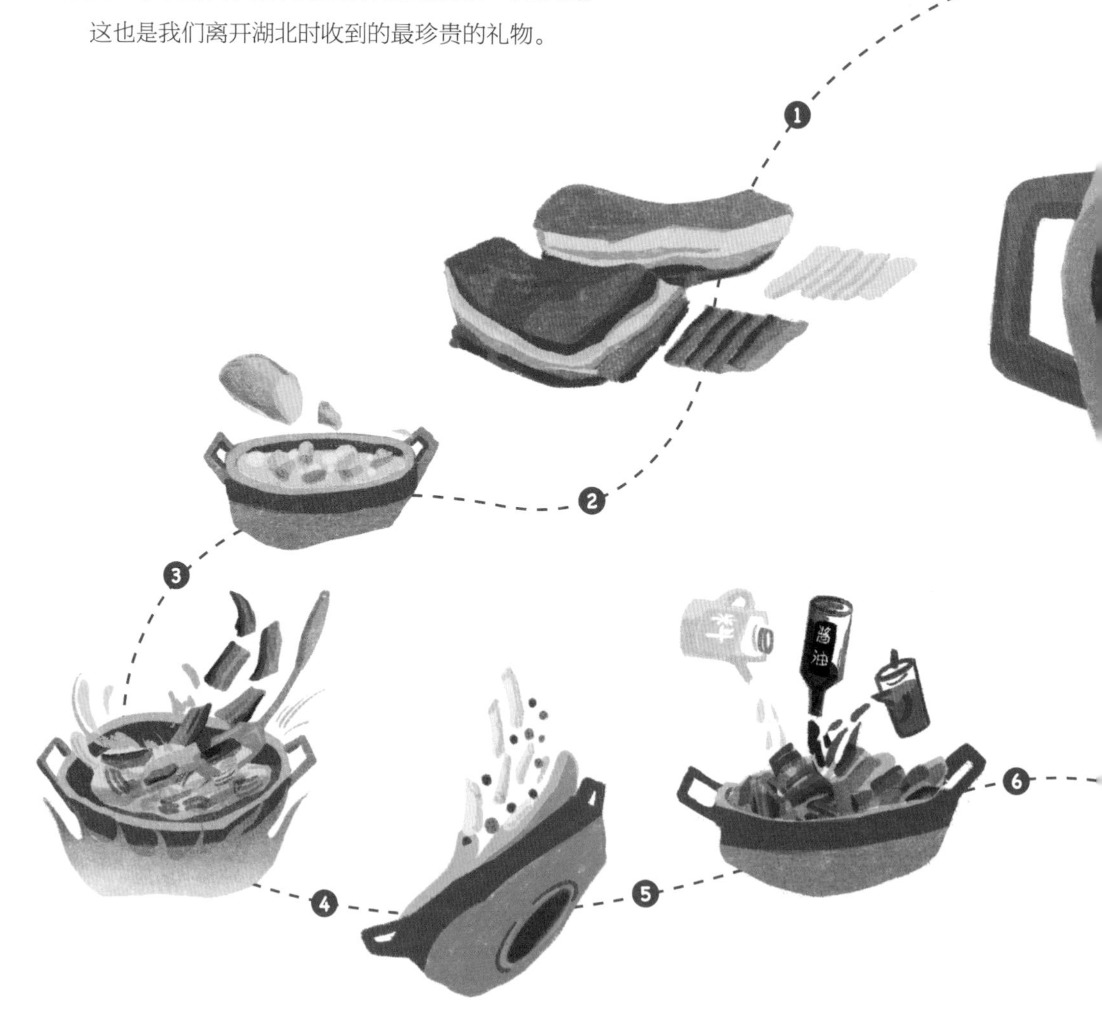

土豆腊肉火锅

食材

1. 精选湖北腊肉 500 克，最好是带皮的五花肉
2. 一颗高山黄土豆
3. 根据自己的喜好，加入各类鲜蔬

配料

盐、料酒、生抽、花椒、蒜白、剁辣椒、蒜苗

做法

第 1 步
腊肉按肥瘦切片，分开装盘备用。

第 2 步
高山黄土豆去皮后，滚刀切成块状，加入没过高山黄土豆的水，然后大火把水煮开，加盐后改小火，将土豆煮到微软，关火备用。

第 3 步
在炒锅里先放肥腊肉，慢火煸出油，再放入瘦腊肉，慢火继续炒 2 ~ 3 分钟。

第 4 步
瘦肉稍卷起后，加入花椒、蒜白继续翻炒至花椒出香味。

第 5 步
按顺序加入适量的料酒和酱油、两勺剁辣椒、适量的清水，煮开。

第 6 步
此时，加入之前煮到微软的高山黄土豆，加大量水做成火锅，煮 5 分钟后倒入蒜苗。

第 7 步
水煮开后就可以放自己喜爱的蔬菜进去了。

“粉丝说，我的视频里原汁原味的美食，总让人想起他们的小时候。”

@ 陕北霞姐

快手美食创作者，快手 ID：824678756，粉丝 139 万

霞姐来自革命老区延安，是快手的“幸福乡村带头人”。笑眯眯，操着一口慢悠悠的“陕普”的霞姐从小就热爱做饭。2019 年，她无意间发的一条“炖牛头为父亲庆生”的视频火遍快手，一夜之间涨了 60 万粉丝，从此误打误撞地走上了美食创作的道路。

陕北 腌肉

在黄土飞扬的陕北，人们奔波在大山的褶皱里，好似被遗忘在天地之间。可这里的人们就像那首山歌“山丹丹开花红艳艳”一样，活得热烈、坚韧。

因为陕北天气干旱、土地贫瘠，种菜不易，所以人们常会种玉米、荞麦、土豆、大豆等易存活的农作物；到了严寒的冬季，陕北的人们很难吃到蔬菜，人们就在夏末秋初赶着将蔬菜晾晒成蔬菜干，贮存起来以待冬天吃。一直生活在这里的霞姐从小就跟着爷爷奶奶学会了晒豆角，这样冬天就能吃到可口的蔬菜了。

除了蔬菜，他们也有独特的肉食保存方法。过去，很多陕北人都一大家子住在窑洞里，每年要等到过年时才舍得杀一头猪，这头猪的肉几乎是他们一整年肉菜的来源。那时也没有冰箱可以用来冷冻保存猪肉，陕北人就通过特殊的方法将不易保存的鲜肉变成一年四季都能吃到的陕北腌肉。现在虽然生活条件好了，家家户户有了冰箱，但做腌肉却作为习俗流传了下来。

这年大年初三，霞姐家正忙着做腌肉，这是一家人一年中的重要时刻。霞姐和妹妹两个人把 50 斤猪肉抬进屋，把分好的猪肉放在案板上，改刀成肉块，再把炒好的盐均匀地撒在肉块上。这一步要彻底完成，需要等待一夜，等血水被“杀”出，肉也会有咸滋味。

霞姐和我们回忆说，她小时候，家里做好的腌肉都要省着吃，她的奶奶担心家里孩子吃不到肉，每次做了腌肉之后，在盛饭的时候，都会把腌肉先放在碗里，严严实实地藏在饭底下，单独拿给孩子们吃。

碗底的那一块腌肉，不仅仅是孩子们眼中稀缺的美食，更是奶奶藏在米饭里的爱与温暖。

虽然小时候住在窑洞里，但是霞姐并不觉得那时艰苦，一家人有说有笑，其乐融融。其实窑洞也是陕北人的智慧。这里黄土层厚，质地疏松的黄土虽然不适宜播种，但是胶质较高，渗水性差。人们利用黄土的这种特质建起了窑洞，不但解决了缺少建筑材料的问题，也让住所冬暖夏凉，坚固耐用。

这些不仅仅是霞姐一家的记忆，更是无数陕北人的记忆。艰苦的岁月已经远去，发明窑洞的先辈早已不知姓名，但窑洞仍在，那些来自先辈和家人的智慧与爱仍在。

第二天一早，腌了一晚的大块猪肉已经变得紧致鲜嫩。老早就张罗着想吃腌肉的霞姐的弟弟，一大早就叫上姐夫把腌制好的猪肉抬到院子里，催促着霞姐继续制作。

院子里有口架好的大锅，旁边的桌子上摆放着洗刷干净的大坛子。霞姐拿出早就炼制好的猪油，一勺勺放进大锅里化开，香气也渐渐升了上来，等到油温四五成热的时候，霞姐将腌制好的猪肉放进了油锅。

白白嫩嫩的猪肉在油锅里翻滚着，逐渐变得金黄，香气四溢，远处的微风都急切赶来，享受这香气盛宴。白雾在锅中袅袅升起，又匆匆被吹散。飘忽的肉香无时无刻不在引诱着人们的味蕾。

很快，一大锅猪肉就出锅了，想做成美味筋道的腌肉只剩下最后一步：把滚烫的油和猪肉晾凉，再将炸过猪肉的油和猪肉盛入坛子，让油没过肉的表面，将坛子存放在窑洞中。腌肉之所以成为陕北的特色，是因为只有在陕北常年保持着适宜的温度和较低湿度的窑洞中，猪油才能长期处于干燥且凝固的状态，这样，腌肉才不会腐坏。

霞姐一边忙活，一边和我们聊起这些年做过的饭。她说自己从不觉得做饭是一件苦差事，她觉得让家人吃上香喷喷、热乎乎的饭菜是件暖心的事。

霞姐第一次做饭时才 9 岁。那时候家里条件很困难，父母都忙着为生计奔波。霞姐的妈妈在山上放着几十只羊，回到家里还要操持家务。那天，饿坏了的霞姐等不到母亲做饭，就自己忙活起来，回忆着妈妈平时做饭的样子，自己烧了水蒸米饭，再把土豆茄子放进去一起蒸熟，出锅之后饭菜便都有了。

虽然那次饭做得并不算成功，米饭里的水放多了，土豆、茄子也没有什么滋味，但当妈妈看到热乎的饭菜时，还是高兴地一个劲儿夸她。一家人坐在院子里吃饭的时候，妈妈还不断跟门外路过的邻居炫耀："这是我们霞霞给我做的饭，我们霞霞可懂事了，我们回来就吃上饭了。"

9 岁的霞姐看到妈妈脸上洋溢着的笑容后非常开心，因为她小小的劳动得到了父母的认可。也是从那时候开始，她慢慢跟着妈妈学会了做饭，而干豆角焖腌肉正是霞姐的拿手好菜。那些年跟着爷爷奶奶晒过的干豆角和祖祖辈辈都在做的腌肉结合在一起，就成了霞姐记忆里的佳肴。

每次做这道菜，霞姐会先把晾晒好的干豆角用开水煮发。煮发的干豆角更筋道，也更容易吸收汤汁。之后，霞姐会把做好的腌肉挖出几块放进锅里，等肉表面的油熔化，再把肉捞出来，切成大片。锅里剩下的油也不会浪费掉，可以直接用它来炒菜。接着，霞姐会把准备好的葱、姜、蒜、干辣椒放进热油锅里炒出香味，再把切好的腌肉放进去翻炒，放小半勺老抽，加入煮发的干豆角；

等到食物都翻炒均匀再加入开水，放入盐、花椒面、姜粉，抓一把宽粉放进去，焖煮七八分钟，在出锅前，撒上切好的蒜苗和红辣椒，干豆角焖腌肉就可以装盘上桌了。

油亮的腌肉、吸满肉香的豆角和裹满汤汁的宽粉融合在一起，翠绿的蒜苗和鲜红的辣椒点缀其中，让每一个等待开饭的人都食指大动。

餐桌前，霞姐的女儿吃了一大口菜，看向身边的霞姐，说："妈妈，这干豆角真好吃。"霞姐闻声，又夹了一筷子放进女儿的碗里，笑了笑："是哇，炖进滋味去了么，好吃就多吃点儿。"

最朴实的言语和行动代表着一个母亲最真挚浓厚的感情。或许当每个远在他乡的陕北人吃上干豆角焖腌肉时，都能回想起自家人的温暖。

腌猪肉

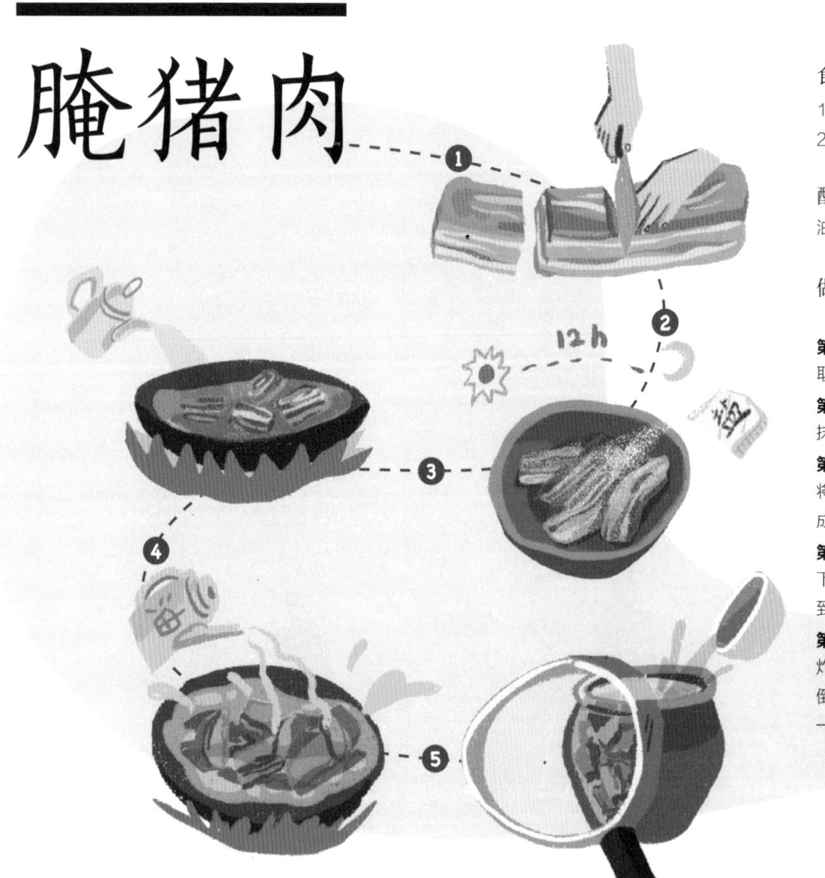

食材

1. 五花肉
2. 猪油

配料

油、盐

做法

第1步
取五花肉，切大块。

第2步
抹盐腌制一晚至腌出血水。

第3步
将腌好的五花肉煮到六成熟。

第4步
下入油锅炸出水分，炸到猪肉熟透取出。

第5步
炸好的猪肉放置于坛内，倒入没过猪肉的猪油，一月后即可食用。

干豆角焖腌肉

食材

1. 腌猪肉
2. 干豆角
3. 宽粉
4. 蒜苗

配料

鲜的红辣椒、盐、老抽、花椒粉、八角粉、葱、姜、蒜、干辣椒

做法

第1步
将干豆角用开水煮发备用，将腌猪肉切成片。

第2步
烧油，将葱、姜、蒜、干辣椒放进热油锅炒出香味。

第3步
将切好的腌猪肉放进锅里炒香。

第4步
待腌猪肉炒出油，加老抽、盐、花椒粉、八角粉调味。

第5步
加入煮发的干豆角，翻炒均匀后加开水，下入宽粉，炖七八分钟。

第6步
大火收汁，加入蒜苗、鲜的红辣椒，将食材翻炒均匀，即可出锅装盘。

“我那时就想拍摄记录每天中午给孩子做的那顿饭，这样他们长大后就能记住妈妈的味道。”

@ 农村会姐

快手美食创作者，快手 ID:287915601，粉丝 1388 万

濮阳人会姐长着有福气的圆脸盘，夫妻感情好，家里有三个娃。她嗓音略粗，人却细致，家里家外都安排得当。6 年前，在照顾孩子之余，会姐因想记录给孩子做的每一顿饭而开始拍摄短视频，没想到竟然意外地在快手发展出一番事业，收获千万粉丝。

河南

烩菜

如果要用一个字来代表河南，恐怕没有比“中”更恰当的了。

从地理位置来看，数千年来，河南都是群雄争霸、兵家必争之地。所谓逐鹿中原，方可鼎立天下。

在日常交流中，河南人爱说“中”那也是出了名的。但凡你听到有人说“中啊，咋能不中嘞”，不用想，他大概率是河南人。

受中原文化尤其是“中庸之道”的长期浸润，河南人哪怕做菜都讲究一个兼容并蓄、海纳百川。其中，最富代表性的菜肴就是河南烩菜。

河南烩菜，贵在一个“烩”字。对此，南北理解大不同。

在南方菜系，尤其是讲究精致的粤菜里，“烩”多运用在勾芡部分。火加上淀粉的效果，让汤、菜、调料的味道混合在一起，能提升菜肴的品质和口感。然而，“烩”在质朴的北方菜系里，就成了“会”。所有的菜就像开会一样汇聚在一锅之中。

做法如此简单粗暴，以至于有的人觉得河南烩菜和东北乱炖差不多，两者都是把手边的食材，如猪肉、丸子、冬瓜、茄子、白菜、粉条等一股脑地放进锅里，炖到软烂入味、香气扑鼻。

但其实两者差别很大。

做东北乱炖时，肉得切成大块大块的，所有食材也基本不会经过预处理。而做河南烩菜时，肉是切片的，很多食材在下锅前还需经过一轮简单的烹制，如猪肉要煸一下，排骨、豆腐要煎一下，最后再将这些处理过的食材放进锅里，煮成一道新菜。

两者的“黄金搭档”也大不同。吃东北乱炖时得配锅贴大饼子，待饼子烤得清香后掀下来泡着炖锅的汤汁吃。而吃河南烩菜时就得一口烩菜一口馍。

说起烩菜配馍，不得不感叹会姐的家人可太有口福了。

七八岁起就入厨房颠起了锅勺的会姐，对各式菜肴的做法烂熟于胸。

不仅如此，她还在自家院子里种了各色蔬菜。她用的食材，像黄瓜、红薯、玉米、茄子、豆角、青椒、西红柿、花生、萝卜……大多来自她精心照料的菜地。她说，要菜做得好，食材就要好。虽然现在会姐拍短视频红了，有了千万粉丝，可她依然乐意住在这小院里，因为这里打开门就能看到院子里的各种果树，窗外的玉米地绿油油的，一弯溪水围绕，小风温柔地吹着。

会姐常常会踏着时令到地里“收割”。有时，会姐会带着老大去地里摘红薯叶，顺便做一下“忆苦思甜”的家庭教育，让他知道妈妈平时做饭有多不容易；有时看到路边的马蜂菜[1]长得不错，就和“老四”，也就是会姐的丈夫一起，一边斗嘴一边采些回来做成马蜂菜馍；等自家树上的榆钱长出来了，会姐便摘下一些，给放假在家的孩子做榆钱馍。

1　即马齿苋，孕妇不建议食用。——编者注

“老四”挺疼会姐的。他一边给会姐拍视频，一边变着花样夸媳妇能干，时不时还制造些小浪漫，送一个叶子做的“叶形项链”，逗得会姐眯起了她的招牌笑眼。会姐此时看上去是那么淳朴、幸福。

能干的会姐，不仅做馍是一把好手，做起烩菜来也是很有一套的。

锅一定得大，大到会姐在厨房里施展不开，特地在院子里搭起了一套炉灶才能一展身手。两个孩子围着，一个孩子被抱着，在会姐身旁叽叽喳喳。

会姐拍美食短视频的初衷非常简单，就是为了记录给孩子做的每一顿饭。“这样他们长大后，就能记住什么是妈妈的味道。”

一般时候，会姐都会用猪肉，取肥瘦相间的五花肉，切成薄片下油，待锅中的油和肉中溢出的油刺刺啦啦地混在一起，肥肉逐渐由白变剔透时，不待香气飘散，立即用各类配菜盖住，肉的香味便会在烩煮的过程中慢慢渗入配菜。

会姐对所用配菜也并没有什么太多讲究，就看地里当天都有什么可收的，或者“老四”又从菜场里挑了什么想吃的菜，又或者邻居送来了什么自家种的蔬菜。不过，会姐特地强调说，虽然蔬菜种类很多，但是最普通的白菜在做烩菜时最入味。

烩菜的香味飘得满院子都是，一阵风吹过，路过的人也闻到会姐家院子里的烩菜香，馋得恨不得马上赶回家跟家人一起做上一碗热气腾腾的烩菜，这简直“太中了”。

除了锅大，会姐做烩菜还特别不拘一格。其中的神来之笔是加醋。会姐说，醋不但可以软化蔬菜，而且可以减少油脂，这会让烩菜吃起来既不油腻，又喷香。

不过，她也提醒我们，加入醋之后，烩菜一定不能煮太久，要不然白菜就会糊烂。掌握火候也是制作烩菜时至关重要的一环。

小时候，村里无论谁家有婚丧嫁娶的大事，都会像这样找一个开阔的空地，支起一口大锅。那时候条件不好，吃肉更是奢侈的，只有在遇到红白喜事时，人们才舍得拿出猪肉，和家里能拿出的所有食材烩成一锅，既招待了客人，也安抚了自己。

在民风朴实的农村，一家有事百家帮，邻里之间互融互惠，就如同这烩菜。

人们都喜欢这道菜，会姐说：“很多时候不是菜有多好吃，而是人们享受大家聚在一起的那种感觉。”

在一个家族有大事发生或者逢年过节时，家人们都从天南海北赶回来，熬一锅烩菜，呛一盆辣椒油，每人端一碗菜，拿一个圆圆的馒头，一边说着自己最近的生活，一边商量着接下来的打算。哪怕是什么棘手的事，大家都搭把手，也就变得没有那么难办了。

十里不同烩，百里不同菜。做河南烩菜还真的不需要特意遵循一定的食材配比和步骤，因地、因人而异。

像会姐的婆婆做的、会姐的妈妈做的、会姐自己做的，用的食材和味道都大不同。个中滋味，只有最亲近的人才最有体会。

有些烩菜用的是羊肉，做起来稍微麻烦些，需把泡出血水的羊肉炒至变色，然后放葱、姜、花椒、八角、小茴香，加点料酒去腥，再放些生抽、老抽增味上色。所用的火也不能太大，小火慢炖方能使羊肉更加酥烂。

同样是在河南，安阳人有时会用青菜替代白菜，以猪血和红彤彤的辣油做灵魂，主打一个重口带劲；鲁山人叫烩菜为揽锅菜，烩汁多呈深色，咸香下饭，非得多干两碗米饭不可；除此之外，还有林州大烩菜、郏县豆腐菜、博爱烩杂拌、登封烩羊肉、禹州顺店杂炣……各有各的特色和滋味。

突然想起《舌尖上的中国》里那段经典台词：“这些味道，已经在漫长的时光中和故土、乡亲、念旧、勤俭、坚忍等情感和信念混合在一起，才下舌尖，又上心间，让我们几乎分不清哪一个是滋味，哪一种是情怀。”

烩，正是河南人对丰饶物产的珍重表达。

一家人坐在一起，邀上邻里亲戚、三五好友，吃不完的丰收年，唠不完的嗑，全在这一锅里了。

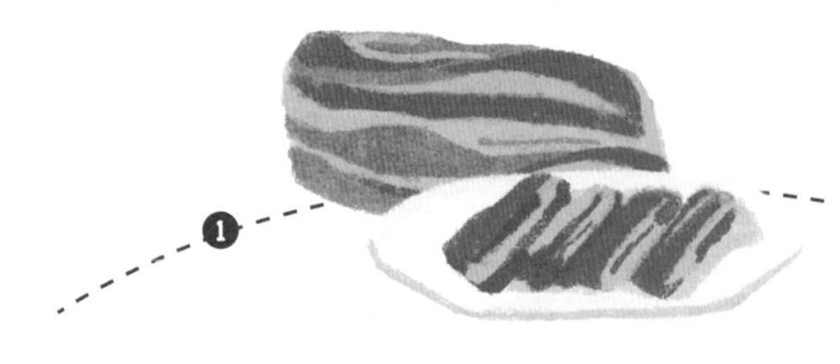

河南烩菜

食材

1. 精选带皮五花肉 500 克左右
2. 大白菜一棵
3. 老豆腐 700 克
4. 红薯粉条 200 克
5. 丸子、海带等

配料

葱、姜、花椒、八角、盐、鸡精、料酒、生抽、老抽、香油、醋

做法

第 1 步

五花肉切片备用。

第 2 步

老豆腐切骰子块后，在锅中放油，油没过豆腐四分之一即可，小火煎至金黄备用；白菜切块备用。

第 3 步

炒锅里放少许油，然后加入切好的五花肉，慢火煸出油，慢火继续炒 2 ~ 3 分钟。

第 4 步

五花肉有点卷起后，加入花椒、八角、葱、姜继续翻炒至闻到花椒香味，按顺序加入适量料酒、生抽、老抽，慢火翻炒 1 分钟左右，五花肉上色后加入适量的热水煮开，水开后将火调至锅微开状态，放入煎好的豆腐，炖 40 分钟。

第 5 步

炖 40 分钟后按照顺序放盐、白菜、红薯粉条、丸子、海带（自己喜欢吃的食材均可），这时候如果水少可以加适量的水，煮 15 分钟后放入鸡精、香油、醋调味，即可出锅。

“我希望当我老去时，有人会在餐桌上说：‘这道菜，当时我是看安秋金的视频学会的。’这是我最大的愿望。”

@ 安秋金

快手美食创作者，快手 ID:918639554，粉丝 570 万

美食达人安秋金来自山西阳泉，被称为“美食界的帅哥”“帅哥堆里的厨神”。一袭黑色长袍、一副老式墨镜、一把扇子，他的独特形象令人印象深刻。法学院毕业却下厨房颠起了炒勺，安秋金跨界做起美食短视频也风生水起，因为制作美食是他从小到大不变的爱好，毕竟他的口头禅一直就是：按时吃饭。

山西

旱火锅

说到火锅，你一定听过北京涮羊肉、四川麻辣火锅、广东打边炉……汤底要多才涮得起来，还要配上各种蘸料。

但山西这道旱火锅，却是另一套吃法：不需要涮，摆上桌就能吃，或者按本地人的口味来，多少再蘸点醋。又因为食材丰富，多用铜锅，所以也被称为“什锦铜火锅”。

这是常年在外打拼的美食达人安秋金最想念的味道。他说：“咱这锅里装着不少东西：烧肉、小酥肉、丸子、大虾、粉条、白菜、海带、炸豆腐、炸土豆，五花八门。你压根就猜不到这锅里都藏着些什么，吃一层，下面还有一层，吃个旱火锅像寻宝贝似的，总有惊喜。”

人们吃火锅，通常是图方便，现吃现做。但是旱火锅却不同，往往需要提前一天备料，可要下一番功夫。

安秋金回忆起小时候第一次吃到这道菜，是大年初二在太原的老舅[1]家。那时他还小，和爸妈一起去老舅家拜年。他还没进门，就已经闻到一阵肉香。最后大半锅旱火锅，汤汁拌着米饭都进了他的肚子。

1 地域不同，“老”字指代辈分不同。山西、陕西人把自己的父亲或母亲的舅舅叫老舅，父亲或母亲的姨，叫老姨；东北人把最小的舅舅叫作老舅，老舅即小舅，老姨即小姨。

每年的大年初二，围着一锅旱火锅给老舅拜年，也成了他们家约定俗成的仪式。

安秋金说，旱火锅的灵魂是炸烧肉。烧肉，和我们常见的红烧还有点不一样，要先卤，再炸，然后再卤一遍。选带皮的五花肉，切成大块，焯水，先卤一遍；再放入油锅，用 200 摄氏度的热油炸到表层焦酥，再在之前的炖肉汤里卤 15 分钟后切片。肉要层层相隔，一层肥一层瘦码得整整齐齐盖在所有食材最上面。慢煮到最后，烧肉的油就化在了汤汁里。

选肉，安秋金喜欢自己来。“要有点眼缘儿，就像谈恋爱一样。”

对他来说，菜市场可不只是简简单单买菜的地方，更是他和朋友见面、插科打诨的“茶馆儿”。菜可以不买，老朋友不能不见。有时他去菜市场，哪怕不买什么，也会和铺子老板逗乐两句，再打听打听菜场行情，聊聊最近的生活，让他心底紧绷的弦稍微松快松快。

他认同古龙先生说的一句话：在冬天的早上，世上只怕再也不会有比菜场人更多、更热闹的地方了，无论谁走到这里都再也不会觉得孤独寂寞。嗅到人间烟火的味道，人们就会对生活重拾信心。

安秋金最近结识的新朋友是当地菜场的开猪肉铺的一对年轻夫妇，他常在清早去他们店铺买上斤把猪肉。

猪肉铺老板娘是个 1995 年出生的姑娘，长得非常漂亮，即使怀着孕，仍会每天清晨四点起来摆摊子，非常辛苦。因此，安秋金经常照顾这对夫妇的生意，有时还会在拍摄视频时特意带他们出镜，聊点家常，也给视频内容带来一些新鲜感。

夫妻俩也对安秋金分外热情，不用安秋金开口，只要说今天做什么菜，小两口给安秋金选的猪肉一定合他心意：肥瘦相间的五花肉适合炸烧肉，细腻的猪前腿则适合做丸子。

炸丸子则是旱火锅的又一点睛之笔。安秋金向来不爱买已经做好的炸丸子，认为这些丸子被摆在超市的冷柜里数月，没了灵魂。他喜欢按自己的心意去调制丸子馅。比起素丸子，他更喜欢肉丸子。

炸肉丸子要买前腿肉，筋膜少，更嫩。切成碎丁，再用刀背敲到一丝丝的纤维都可以看到，这时加入马蹄碎或藕碎，使肉更鲜嫩，其脆性也可以丰富肉丸子的口感。

但是安秋金说，老太原的做法是往二八肥瘦的猪肉馅里加入蛋和泡过水的馒头，这样炸出的肉丸子更酥脆。

把白菜、炸过的土豆和豆腐同自家做的炸肉和炸丸子等食材一起码在铜锅里，浇上用大骨头熬制的高汤，往铜锅最中间的内层位置加木炭，食材的味道在温火慢熬中一点一点地渗透、融合。安秋金说，这样味道层层递进，口感也是立体的。

吃这道旱火锅，一开始尝到的是食材原本的味道，但是越往后吃，吃到下面铺的白菜一点点煮开、润化了，高汤的“鲜”就藏不住了。它无孔不入地渗入每道食材里，让食客欲罢不能。

旱火锅的妙处在于口感丰富，充满变化：肉菜好吃，素菜爽口，粉条糯口，浸了浓淡肉汤的炸物多了一分嚼劲，且每种配菜的味道各有不同，先吃哪种菜，后吃哪种菜，都会影响汤汁的口感。

随着生活条件越来越好，饭店里卖的旱火锅也渐渐变得“卷”起来。外观上精雕细琢的铜锅五花八门，食材也越来越丰富。除了烧肉、丸子、白菜、豆腐、海带、土豆这些传统老几样，有的店还会往里面加猪肘、火腿、整鸡、海参、鱿鱼、木耳、花菇、大虾等。

天性爱追求新鲜感的安秋金喜欢这些口味上的变化，因为他的生活态度就是永远探索，找寻新鲜感。

安秋金在大学里读的是法律专业，后来却从法学生跨行业做了美食短视频达人。虽然看上去有点“风马牛不相及”，但安秋金却说自己和美食的缘分从小时候就开始了：当同龄的小朋友连吃一碗面都费劲时，安秋金已能在几分钟内迅速“光盘”；别的小孩看电视剧，只有他喜欢看美食节目，从小就是《厨房争霸》《满汉全席》的“铁粉”，还偷摸在周末下午给自己炒个番茄炒蛋当零嘴。

大学毕业前，能说会道的他被学长拉去创业，尝试拍美食短视频。没想到短短几个月，他就凭借“贫穷料理”的账号在美食界有了一席之地，之后在美食自媒体界摸爬滚打六年，交友广泛；如今，视频里不止有各地的名厨大师，也常出现他的明星朋友。

安秋金一直坚持尝新。从 2019 年年底起，他就天南地北到处走动，一方面想探寻各地风味美食，为自己的短视频找找灵感；另一方面也想交些新朋友，听听有趣的故事，寻找人间烟火气。他在东北和当兵转业卖大米的大哥聊天，在云南向当地阿婆请教过草果的调味，也借去上海出差的机会学会不少当地菜。一路走，一路吃，一路感受。

虽然吃过那么多美食，但他发现自己记忆中的旱火锅，是不可替代的美味。

而他最怀念的不只是这锅肉和菜，更是和家里人手忙脚乱做菜、吃菜的过程。外面是天寒地冻、冷风凛冽的冬；屋内，一家人或三五好友，经过一两天的忙碌，终于能围坐在一只热气腾腾的铜锅边。背后的电视机声音嘈杂，没人看，但也不想关；眼前和耳边，是亲朋好友的笑脸与亲切的抱怨。胳膊碰着胳膊，脚挨着脚，坐近点儿，再近一点儿。

这就是安秋金最珍惜的人间烟火气。

他也希望美食是大家记住他的一种方式。他说："我希望当我老去时，有人会在餐桌上说'这道菜，当时我是看安秋金的视频学会的'。这是我最大的愿望。"

旱火锅

食材

1. 肥瘦相间的猪肉馅和五花肉
2. 排骨和大棒骨
3. 土豆
4. 豆腐
5. 干香菇
6. 鸡蛋
7. 泡过水的馒头
8. 根据自己的喜好，加入各种蔬菜与菌类

配料

盐、酱油、油、蜂蜜、老抽、葱、姜、山西老陈醋

做法

第 1 步

炸烧肉。五花肉焯水，肉皮朝下抹一点蜂蜜和老抽，炸到皮硬再将蜂蜜、老抽放入炸上色，捞出晾凉切片。

第 2 步

炸丸子。将二八肥瘦的猪肉馅、蛋、泡过水的馒头，搅拌上劲，混上盐和酱油，挤成丸子，炸熟。

第 3 步

炸土豆。土豆削皮后切滚刀块，洗净擦干水，炸到外皮金黄。

第 4 步

炸豆腐。整块豆腐切厚片，大火炸至金黄色。

第 5 步

熬汤。将排骨和大棒骨放入电压力锅中，加干香菇、葱、姜和水，煮 20 分钟之后加盐。

第 6 步

装锅。山西白菜铺底，再铺上一些自己喜欢吃的蔬菜与菌类，最后再摆上炸烧肉、丸子、土豆等，加入事先熬好的高汤，用山西特有的铜锅、炭火加热。

“为家人做饭就是我最大的乐趣，而我现在还多了一项任务，就是让更多的人知道赣南美食。”

@ 客家英子

快手美食创作者，快手 ID:1951953674，粉丝 228 万

英子来自江西赣州，是个典型的客家媳妇，长脸、笑眼，温柔和善，能做一桌咸香四溢的客家菜。勤劳能干的她曾在广东打工，开过餐馆，进过牛仔厂，如今为了照顾家人回到家乡的她，拍起了美食短视频。视频里，他们一家人总是互相逗趣，热热闹闹，令人羡慕。

客家 酸笋焖鸭

据说："凡有海水的地方就有华人，有华人的地方就有客家人。"

"客家"不是一个民族概念，也非一个地域范畴，客家民系是汉族民系之一。历史上由于朝代变更、战乱迁徙，不少人从中原地区向南迁徙，聚集在闽、粤、赣接合地区。

英子就住在"客家四州"之一的江西赣州，是一个地地道道的客家姑娘。

客家人不仅有独特的方言，还在迁徙过程中一直保留着作客他乡的思想，也就逐渐有了"客家人"的名字和属于他们的"客家文化"——热情好客、吃苦节俭、念祖重亲。

每次有客上门，英子都会热情招待。客家菜"无肉不成宴"，所谓"无鸡不清，无肉不鲜，无鸭不香，无鹅不浓"。英子常做的酸笋焖鸭，在客家菜里可以说是大名鼎鼎。

谈起鸭子的最佳做法，英子说："酸笋和鸭肉是绝配！"

客家菜素来以"咸、肥、香"的口味著称，鸭子的肥、香和酸笋搭配，经过焖煮炖煲，其口味就不会太腻，同时其口感会变得更醇厚、更有层次感，一口即可品尝出客家菜的独特滋味来。

酸笋，在客家人的菜谱里十分常见，但想吃到地道的酸笋可是很有讲究的。不同季节里吃到的时令笋的品种也各不相同。

春季刚冒尖儿的毛竹笋要尽快挖，初夏的大头甜笋个大肉厚又爽脆，七八月份的麻竹笋吃起来最有韧劲儿，年末土里挖出来的冬笋更脆、更清甜。

在客家人眼里，笋是大自然的馈赠。

他们世世代代生活在山林间，最了解山林的脾性。有笋

子冒出来了，英子就会背上竹筐拿上柴刀，抢吃头一茬嫩笋。为了更好地保存这份来自大自然的鲜美，他们把新鲜竹笋发酵成酸笋，便能让笋摆在四季三餐的饭桌上。

在赣州，泡酸笋用的竹笋一般是大头笋和毛竹笋，这两种笋都有比较厚实的肉，泡制起来也很爽脆。英子有时也喜欢去野竹林里挖野竹笋。这些笋甚至都不用挖，用手一掰就可以抽出、入筐；不一会儿，就能装满一大箩筐了。

竹笋离开泥土很容易失去水分变得软烂，英子每次挖完野竹笋都得加快节奏，快速把新鲜的野竹笋剥衣、过水、调配料、装罐封存。只需等待三两天，酸味十足、清甜爽脆的酸笋就可以捞出来食用了。

不过，为人爽快、不遮不掩的英子告诉我们，市面上买到的酸笋的制作过程更复杂，也需要更多的等待时间：将大头甜笋剥壳切段，先过沸水，再浸泡在清水中去除其苦涩的味道，然后再将笋码至开水烫过的坛子中，倒入无污染的泉水和白醋，封盖发酵。整个过程，要做到无油无污染，等待十多天，才能发酵出一坛口感上佳的酸笋。

英子从罐子里捞出一大块酸笋，开始准备做酸笋焖鸭。每次做这道酸笋焖鸭时，总是一家人齐上阵。

这不，为了这道酸笋焖鸭，奶奶正站在家里的鸡鸭圈旁，指挥英子的儿子佳伟和女儿佳美抓鸭呢！在乡下山间长大的他们，对抓鸭可是很在行的。一般端午节等重大节日时，会选鸭子祭祀。孩子们也会欢喜地一起抓鸭子。

鸭子也总在他们的追赶下四处乱窜。“嘎嘎”一声尖叫，总有一只鸭子逃不过兄妹俩的快手！杀鸭放血，开水烫毛，孩子们也要来参与一下。

英子的儿子和女儿、闲不住的奶奶、吵吵闹闹的外甥和侄女儿，都是英子美食视频里的常客，寒

暑假时，在英子的美食视频里还能看到自带吃货属性的小侄子。不大的厨房里，总能传出欢声笑语。

在英子的每一个美食视频里，我们都能看到英子在厨房灶台边忙活，带着幸福的笑容，做事干脆利落，一副什么都难不倒她的样子。

但其实，英子能有今天也实属不易，她曾去广东开过小饭店。和每一个在外谋生的人一样，她和丈夫每天起早贪黑，进货、烹煮、收拾，全都是他们自己在做。店里还卖过早点、甜水等。日子虽苦，但她从不觉得做事辛苦。但家婆身体不好，她和丈夫也不能常伴左右，这成了她心中一直的挂念。

客家人自古就不怕吃苦、念祖重亲。英子一直想回到家乡。

恰逢英子怀孕，小饭店不得不关门。孩子尚小、家婆身体抱恙，英子就索性回到了家乡，一心一意为抚养孩子、照顾老人而忙碌。虽然家里所有的家务都落在英子身上，但英子始终开朗。

她说，把家打理好，把每一顿饭做好，就是幸福的。

上天总是眷顾乐观又努力的人。自从英子拍了美食视频，收入也有所增加，她的丈夫也可以回到家乡和英子团聚了；家婆的病也好了，也更开心了，这个“老小孩”也很喜欢出镜呢。

一家人齐心把鸭子处理好，拔干净毛，砍成大小均匀的块儿，英子把仔姜、泡椒和青红辣椒这些配料准备好。英子做菜有一个习惯，就是将全部辅料、配料，甚至各种调料都按照菜品分类，用一个竹编的簸箕将其摆放整齐。对英子来说，做饭也是一种艺术创作的过程，她对做什么菜、用什么工具、用什么盆和碟装非常讲究。“再漂亮的菜，没有一个漂亮的盆去装它，也体现不了它的美感。”

这时候，锅烧大火下油，先炒干酸笋中的水分，再炒香鸭肉，最后和其他食材混合在一起焖。做法看起来并不难，考验的却是英子对火候和时间的精准把控。

这道菜，家里的老人小孩都喜欢，尤其是女儿佳美。

“只要是妈妈做的，我都喜欢吃！”英子的女儿俨然就是英子的头号粉丝！

一道金灿灿、油滋滋的酸笋焖鸭出锅，被盛在棕色螺旋纹图案的大白瓷海碗里，老人和孩子们都闻着味儿赶来，围坐在饭桌前。鸭肉咸香入味，笋丝更是一绝，酸爽干脆，一口就能让人食欲大增。

我们在英子身上看到了客家人骨子里的那份勤恳和重情。她说："为家人做饭就是我最大的乐趣，我现在还多了一项任务，就是让更多的人知道赣南美食。"做自己喜欢的事，日子就会变得有所期待。

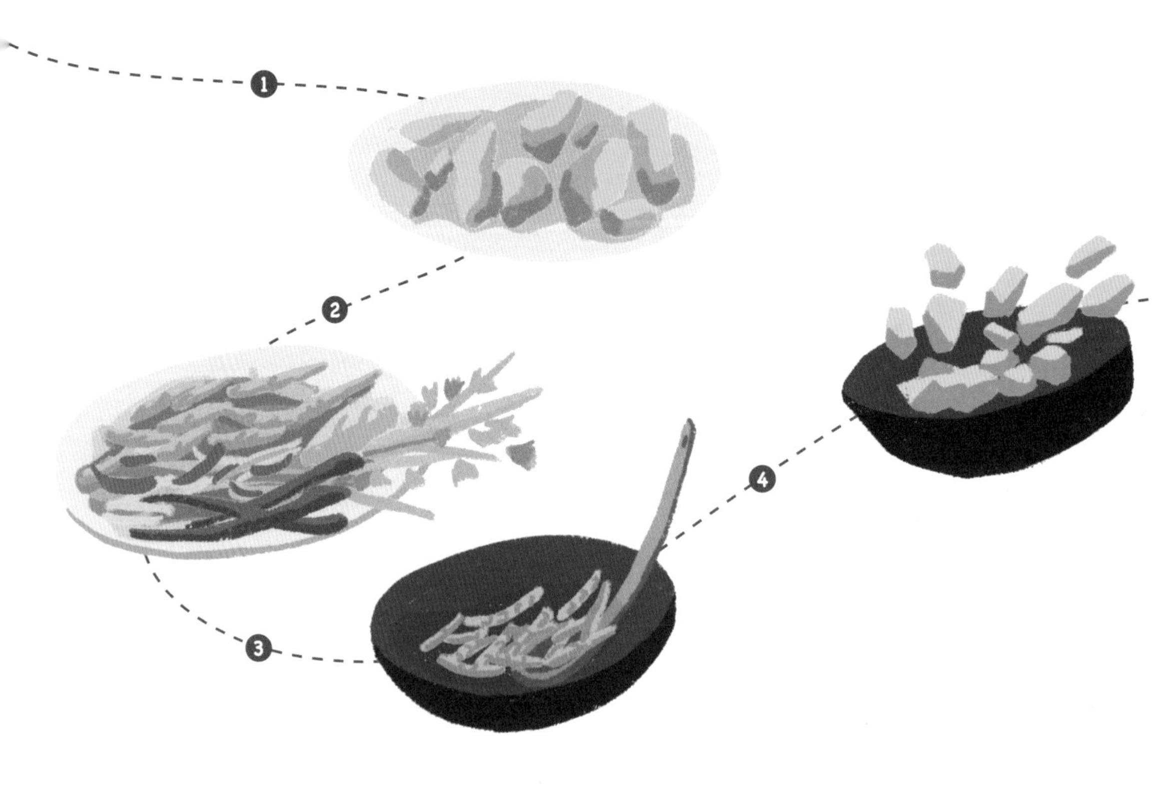

酸笋焖鸭

食材

1. 鸭子
2. 酸笋

配料

食用油、蚝油、味精、盐、酱油、豆瓣酱、仔姜、蒜、泡椒、芹菜、青辣椒、红辣椒

做法

第1步
将处理好的鸭子剁成块，清洗干净。

第2步
把酸笋切成条状，把泡椒切段，把仔姜切成丝，把芹菜切段，把青辣椒、红辣椒切段。

第3步
把酸笋倒进锅里，炒干水分，起锅。

第4步
把鸭肉倒入锅中，炒熟，盛出备用。

第5步
在锅中倒入食用油，待食用油热时下姜丝、蒜、泡椒、红辣椒，加入一勺豆瓣酱。

第6步
下酸笋条翻炒均匀，下鸭肉，加水焖煮，放入盐、味精、酱油、蚝油调味，盖上锅盖焖煮20分钟。

第7步
20分钟后下青辣椒、芹菜段，翻拌均匀出锅。

“每年过了十月，庄稼一收，我们基本上就准备过年了。大家互相串串门，吃杀猪菜，酸菜炖肉配馒头。”

@ 东北胖小子（幸福一家）

快手美食创作者，快手 ID:2905593709，粉丝 98 万

来自黑龙江黑河的胖小子用视频展现了淳朴的东北农村生活，深受大家喜爱。他从小家庭生活拮据，年少辍学，进厂打工，天南海北走过不少地方，后来因为牵挂父母而回到家乡鼓捣起短视频。给父母多做几顿饭，也成了他的美食视频的永恒主题。

东北 杀猪菜

零下 40 摄氏度的黑河，大雪纷飞，窗外结了一层厚厚的冰，一家人正围在炉火旁等着一碗热腾腾的杀猪菜。胖小子在炉火前忙活着，这是全家今年第一次吃杀猪菜。

有些人会想，在东北吃杀猪菜不是很容易吗。但其实，胖小子家里并不是很富裕，胖小子还没念完初中就被迫辍学外出打工，他干过很多活，也吃过很多苦：捡过废品，卖过水果，做过微商，也在工地扛过水泥。

对胖小子来说，像杀猪菜这样的硬菜也只有逢年过节回家或者亲戚朋友来访时，家里才会做。

传统的东北杀猪菜不是一道菜，而是一席菜。杀猪菜源于满族的祭祀活动，很早之前，东北人也只有在过年时才能痛快淋漓地大吃一通，所以杀猪菜又叫年猪菜。

传统的杀猪菜过于复杂，走进东北寻常百姓家的杀猪菜就没那么讲究、没那么烦琐了。胖小子记起小时候吃过的杀猪菜，不外乎酸菜烩白肉、蒜泥白肉、拆骨肉、手掰肝、灌血肠这几个热菜，以及卷肘子、猪头焖子、皮冻这几个凉菜，还有一道餐前给小孩老人解馋的小菜——油滋啦（外地人叫猪油渣）。一头猪的每一个部位、每一根骨头、每一块肉，都被当地人吃得明明白白。

胖小子小时候，年味儿是浓重的，杀猪菜也整得有模有样。胖小子回忆道："每年过了十月，庄稼一收，我们基本上就准备过年了。大家互相串串门，吃杀猪菜，酸菜炖肉配馒头。"乡邻间的分享和邀请给了胖小子不一样的童年记忆。

时代变迁，有些传统美食被留在了记忆里，杀一头猪，做一席菜的传统逐渐演变成以单个菜式为代表的现代模式。

这次，胖小子家里做的，是加了血肠的酸菜烩白肉。酸菜烩白肉，在满族传统的杀猪菜里是头筹菜品。这道菜看着简单，只是将所有食材放在一起一锅炖，但其实，每种码进锅里的食材都是东北人的智慧表达。

从前，东北一到秋冬就很难买到新鲜的蔬菜。胖小子的家人会在晴日里晒各种菜干："我们每家都有两个最大号的冰柜，装着春天种下的豆角、茄子、黄瓜片、萝卜干，可以吃一整个冬天，一个冬天都不用买菜。"

除了晾晒，他们也会趁着秋天最后一批新鲜菜上市，把蔬菜用腌渍的方式保存起来。腌酸菜早已成为东北人生活习惯和饮食文化的一部分。

一入秋，如果你说要去市场上买白菜用来腌酸菜，那就太外行了。在农村，大白菜都是被整车拉着运来，货车刚到村口，买白菜的人们就蜂拥而至。他们买白菜不是几斤几斤地买，而是上百斤地往家扛。每到这个时候，胖小子就显出了他的实力。尽管他小时候个子不高，却能一次抱上五六棵大白菜往家跑。几百斤白菜，一家人要来来回回抱很多趟，胖小子发挥了重要的作用。

家里的院子并不大，推开铁门，里面是几间简陋的砖瓦房排在一起。过去这些房子还是小土房，现在翻盖成了砖房，可看起来依然简陋了些。这些房子中有一间屋子，里面整整齐齐摆着几口大缸，这些大缸就是用来腌酸菜的，可见酸菜在东北人心中的地位之高。

腌几百斤的大白菜，难道不怕坏吗？就是怕白菜坏掉才要腌渍起来呢！不过，腌渍酸菜可得仔细，不然照样容易腐坏。

胖小子说，小时候父母腌酸菜时，他还捣乱过。为了把白菜压实，人们会在白菜上压一块干净的大石头。他总站在大石头上踩来踩去，都被父母吼了下来。可是父母又知道，他不是真的在捣乱。如果白菜压不实，压在下面的菜就容易腐烂，胖小子是看父母压菜太辛苦才做出这些举动，看似捣乱，实际是帮忙心切，也是一片孝心。

腌渍酸菜的方法分两种：生腌和烫腌。生腌就是把白菜直接放进缸里加盐腌渍，烫腌就是先用开水烫白菜再加盐腌渍。

胖小子家常用烫腌的方法腌渍酸菜。将择掉老叶的白菜清洗干净，用开水先烫菜帮，再烫菜叶，然后再将白菜头对头地摆进大缸里，一层白菜一层盐，直到把大缸装满，最后再用一块干净的大石头把白菜压上。这样，白菜发酵时间就短很多，等待的时间也就短了很多。

东北做烩酸菜时，用的猪肉大多来自农村自家养的猪，肥膘较厚，和酸菜烩在一起，既解了腻，又解了馋。

过去，胖小子家里没有大鱼大肉，但是他说："我和我姐都很喜欢吃我妈腌的酸菜，一到冬天，我们吃的最多的就是酸菜，也很知足！"

长大成家后，他也常回家看望父母。父母含辛茹苦地拉扯自己和姐姐长大，回到父母身边，让他们吃好睡好住好，是他最大的心愿。

每次回到父母家做饭，胖小子的菜式里永远少不了妈妈腌渍的酸菜。翻看胖小子的视频，我们也能看到，他的视频里常会有爸爸妈妈的身影，他总说自己做菜也是为了让爸爸妈妈吃得开心。

他刚开始发美食短视频时，没少被人泼冷水。村里的人说，拍短视频拍得早的人倒能赚到钱，现在账号都做不起来了。但胖小子为了让父母过上更好的生活，始终坚持，过程中也不断向别人学习如何能把短视频拍得更有意思。现在他不仅美食账号做得不错，靠美食短视频获得一些收入，还做起了分享日常生活的小号。

每次到冬天做杀猪菜的时候，胖小子都能回忆起曾经背井离乡经历的辛酸苦楚。如今，他守在父母身边，能给他们做上一碗热乎乎的杀猪菜了。

灶台上的水烧开了，大肉骨头和五花肉在锅里翻滚，肉烀得七八分熟了就捞起，骨头继续熬着，这时候放入切成丝的酸菜。酸菜一定要清洗过、挤干水分才行。

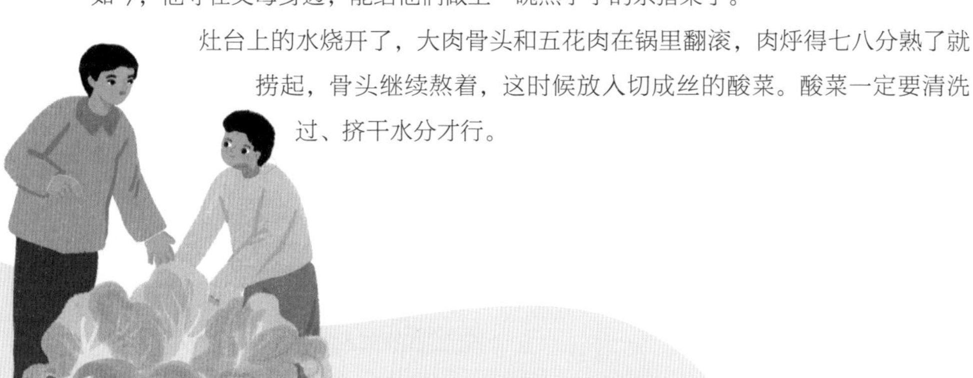

胖小子这回准备搭配的食材是血肠。血肠可真有讲究，在外地一般很难吃到，因为要现做才好吃。制作血肠，要等杀猪接下来的猪血还热乎时，快速地往猪血中加香料粉末和盐，再加适量的烀肉的汤，将其搅拌均匀后灌进打好结的猪小肠里。灌完猪血，绑好小肠，把它们再扔回锅里煮制，煮熟后就可以捞起切片，和切好的白肉一起摆在滚烫的骨头酸菜上。

底下是烀肉的浓汤和爽口解腻的酸菜，面儿上是肥瘦相间的五花肉和鲜嫩顺滑的血肠，一锅热乎乎的杀猪菜端上来，对家人的爱，全在其中了。

窗外冰天雪地，屋里其乐融融。真正的富足也许不在于财富有多少，像胖小子家一样，一家人围着火炉烤着火，吃着馒头就着酸菜，就是一种莫大的满足。

杀猪菜

食材

1. 五花肉
2. 大骨头
3. 血肠
4. 腌酸菜

配料

葱段、肥油、十三香、大料、桂皮、香叶、姜片

做法

第 1 步

猪肉分块，与大骨头一并放入开水中，水沸后继续加水，待到肉七八分熟后捞起，继续熬骨头。

第 2 步

清洗酸菜，挤去多余的水分，放入肉汤里继续炖煮。

第 3 步

将鲜猪血、香料、盐加上几勺肉汤搅拌均匀，灌入猪小肠，迅速扔入汤中。

第 4 步

捞起熟透的血肠，将其切片，与白肉一起码在酸菜和肉汤上，杀猪菜出锅。

“做菜对我的意义在于，我能做一件实实在在、自己真正喜欢的事。”

@ 男神牛二豆

快手美食创作者，快手 ID:1848181478，粉丝 42 万

牛二豆做过 3 年厨师，头脑灵活、点子多，胆子也大，瞅准时机就离开了深圳，回到家乡湖南永州做起了美食视频。虽然嘴上总是谦虚地说自己只是懂一些做菜的皮毛，但他一直尝试新花样，比如在野外用天然食材做一些家常吃不到的特色菜。

永州血鸭

“广东人吃鸡，湖南人吃鸭”。说起吃鸭，湖南人可以说是一骑绝尘。

湘北吃酱板鸭，酱香浓郁，爽辣吮指；湘南吃炒血鸭，风味独特，鲜嫩无比。

牛二豆是一个土生土长的湖南永州人，他从小便跟鸭子打交道。小时候，每天上学路上赶着鸭子下河，放学路上就顺带着把鸭子赶回家。他还喜欢边赶鸭子，边和小伙伴们在河里游泳嬉戏[①]。

虽然家里鸭子不少，但那时家里并不富裕，养鸭子是为了卖掉赚钱，所以尽管牛二豆十分馋鸭肉，但也只有逢年过节才有机会吃到。

每次有机会吃鸭肉，牛二豆最爱的一定是那道永州血鸭！鲜嫩爽辣的血鸭一上桌，牛二豆就能干掉三碗米饭！

很多人以为血鸭是一种鸭子的细分名称，但其实它是一种做法。鸭肉配上新鲜的鸭血一起炒，所以这道菜叫血鸭。

不过，做血鸭用的也不是普通的鸭子，而是一种叫麻鸭的永州本地特有品种。麻鸭较一般鸭子个头小，全身长有带麻点斑纹的羽毛，外形和大雁极为相像，常有人误以为这里的人吃的是大雁，其实那是永州乡下家家户户都会养的一种鸭子。

散养的麻鸭以河里的小鱼小虾为食。在湖南温热湿润的环境下，长得越发肥美。自然的环境和天然的饲料，加上很大的运动量，使得麻鸭肉质更紧实，鲜嫩弹牙，营养价值丰富。

牛二豆说：“鸭子养得好，怎么炒都好吃。”

① 在水中游泳嬉戏要注意安全啊。——编者注

很多人觉得鸭肉比较腥，鸭血也腥，鸭肉和鸭血一起炒岂不是腥上加腥，血鸭那简直就是“黑暗料理”。可尝过的人却对它赞不绝口。

牛二豆家所在的村子里，家家户户都爱吃血鸭，用的也是一种极为寻常的做法。在牛二豆家，每次要做血鸭时，最开心的就是孩子们，因为孩子们喜欢去河里抓鸭子，在河里扑腾好一会儿才把鸭子逮上来，赶紧抱着回家，他们就像牛二豆小时候那样。做血鸭时，杀鸭的工作一般由牛二豆来完成，鸭血需要被好好装起来，这可是炒血鸭的必备品。处理流干净血的鸭子，需要把它们快速地在滚烫的开水里来回浸泡几下，这样拔起鸭毛来也会更快、更干净。

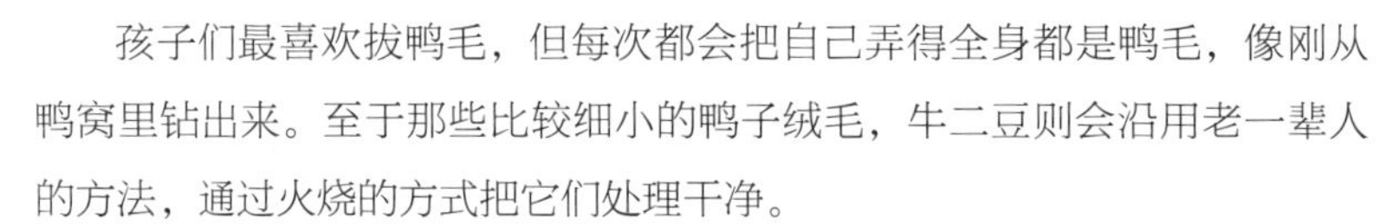

孩子们最喜欢拔鸭毛，但每次都会把自己弄得全身都是鸭毛，像刚从鸭窝里钻出来。至于那些比较细小的鸭子绒毛，牛二豆则会沿用老一辈人的方法，通过火烧的方式把它们处理干净。

处理完鸭子之后，牛二豆把鸭肉剁成小块。他说，鸭肉块的大小可以根据个人的喜好来定，有的人喜欢砍大块一点儿，有的人喜欢剁小块一点儿，这没有标准，自由随意。

但这道菜好吃与否，关键还在于鸭血处理得是否到位。若配合得当，鸭肉和鸭血之间的搭配能够最大限度呈现麻鸭的美味。

牛二豆在杀鸭子时已经将鸭血留了出来。有多年掌勺经验的牛二豆告诉我们：让鸭血保持新鲜，至关重要。在和空气接触的过程中，鸭血会很快凝固，也会失去鲜味。为了让鸭血凝固得慢一点，在宰杀鸭子前，牛二豆一般会往海碗里倒入少量的盐、白醋和水，接血之后再快速搅拌。

加了盐、白醋、水，搅拌过后的鸭血可以在短时间内保持流动的状态。这种处理方法叫作“起筋儿”，能让鸭血在炒的过程中受热转变为拉丝的状

态。但这还不够，牛二豆还会往鸭血里加几滴白酒，他说：“这是给鸭血去腥提鲜的关键！”

鸭血准备好，青红辣椒切好，佐料也备齐了，牛二豆就可以开炒了。牛二豆家的孩子很黏爸爸，一看到爸爸开火就跑了过来，非要让爸爸抱。牛二豆只能一手抱着孩子一手翻炒着锅里的鸭肉。

燃起的干柴在河边升起青烟，烧红的铁锅里油在冒泡，剁成小块的鸭肉在锅里被不断地翻炒，混着姜、葱、蒜的鸭肉香味就慢慢飘向附近竹林，飘到河对岸的苗家寨子里。这个时候，苗家的兄弟总有人闻香而来，端着大瓷碗嚷嚷着要牛二豆分一碗血鸭。

美味是需要等待的。鸭肉翻炒出香味之后，牛二豆还会往锅里加入刚舀上来的清澈河水，再开大火焖煮。最后，牛二豆一边搅拌着鸭血一边将其倒入锅中，翻炒收汁后，再往锅里丢一把青红辣椒或是二荆条，血鸭的鲜香就完全被激发出来了！

鲜嫩爽辣的血鸭一出锅，没有人能拒绝这样的美食。孩子们更喜欢把热气腾腾的血鸭码在大海碗盛着的米饭上，再把它们充分搅拌在一起，无比下饭，挑食的孩子也想再添一碗！

虽然舍不得吃的年少时代早已过去，但牛二豆依旧很喜欢吃血鸭，就连炒血鸭的方法，也是他小时候在灶台边看父亲做饭时学会的。从小的耳濡目染，让牛二豆对做饭产生了极大的兴趣。跟着酒店师父做学徒的那几年，牛二豆也学到不少的本事。

刚开始他和父亲提起要回到家乡，拍户外美食视频时，这个想法还遭到了老人的反对。在老一辈人看来，踏踏实实找一份工作比什么都重要。但牛二豆非要干出点儿成绩来。他坚持说："做菜是一件实实在在、自己真正喜欢的事。"

和邻村的苗寨兄弟一起策划方案、拍摄、研究新菜式，就靠拼命折腾，牛二豆尝试着把更多的永州美食呈现在粉丝面前，也收获了更多支持。慢慢地，他也得到了父亲的理解。

从创业失败的城市回到乡间，牛二豆做美食的心境已然不同，但他"让家人吃上更好的饭菜"这个想法从未变过。牛二豆说，老人殷切的眼神、孩子满足的笑容、粉丝热切的回应，就是他坚持拍美食视频的最大意义。

永州血鸭

食材

1. 永州土麻鸭
2. 鸭鲜血

配料

菜籽油、胡椒粉、盐、味精、料酒、酱油、干红辣椒、青红辣椒、葱、姜、蒜、芝麻油

做法

第 1 步

取土麻鸭杀后保留鸭血。取鸭血时用一只碗装少量盐、少许白酒、几滴白醋，视鸭子大小放适当的量，杀鸭取血后用筷子迅速搅拌一两分钟，以免凝固。

第 2 步

土麻鸭用沸水烫几下，去除鸭毛，取出内脏。

第 3 步

用刀将鸭身剁成长宽约 2 厘米的小块备用（头、脚、翅、内脏等不用）。把姜、蒜切成薄片，干红辣椒、葱切成小段。

第 4 步

烧大火，把铁锅烧热后倒入菜籽油，七八成油温时下入切好的姜、葱、蒜、干红辣椒炒出香味，然后放入新鲜麻鸭块一起翻炒。

第 5 步

鸭肉炒出油，炒至微黄后加入料酒、盐、酱油翻炒，加鲜汤或水，小火焖 8 分钟左右。

第 6 步

汤不多时将搅拌过的新鲜鸭血淋在鸭块上，边淋边翻动，把食材翻炒均匀。

第 7 步

加青红辣椒、胡椒粉、味精、葱花、芝麻油调味，再次翻炒几下后出锅装盘。

“我希望，通过在快手上的分享，让更多人能看到乡村生活和乡村美食。”

@ 奋斗的阿龙（乡村美食）

快手美食创作者，快手 ID:2010738089，粉丝 91 万

几年前，龙哥辞去在河南郑州的厨师工作后，回到家乡河南信阳，和小学同学一起搭了个棚子，尝试拍摄美食短视频。视频里的他做菜节奏极快，且不爱说话，还擅长用最凑合的厨具——一个大搪瓷杯，做出百样家常美食，颇有点美食界“扫地僧”的风范。

信阳 焖罐肉

在信阳人的家里，总能见到大大小小的陶罐，这些看上去不起眼的罐子里，却装着当地人世世代代的记忆。

这些陶罐有的已经很旧了，却仍被信阳人用来装肉。陶罐世代传承，罐壁上挂有肉香，罐底沉着盐渍，每个罐子里都保留着时间的味道。

阿龙家里也有这么一个陶罐，里面储存的肉，据说能放上一年还不坏。

每当有客人远道而来，阿龙就会用大勺子从罐子里舀出几块肉，淋上炼得喷香的猪油，再配上自家种的青萝卜，在锅里倒上一碗水一起焖。不等熟，人们远远就能闻到顺着袅袅炊烟飘出的肉香。

阿龙小时候，能闻到这股肉香的机会并不多。一般只有过了腊月，各家各户才舍得磨刀霍霍杀年猪。对于那些整年都不见荤腥的家庭来说，这肉实在太珍贵，以致人们都不舍得一次性吃完，就将剩余的猪肉全部切成四指宽、一指厚的长条，将多余的油脂炼出来后，把肉码进陶罐，再把炼出的猪油倒进去，放置在阴凉处储存起来。

肉里加了猪油，这样能很好地起到阻绝空气的作用，在“油封”之下，食材的鲜香被锁住，陶罐里的猪肉也能久放不坏。

信阳人管这种做法叫“焖罐肉”。它是令孩子们垂涎欲滴的儿时记忆，是豫楚大地上农人智慧的结晶，也是物质匮乏的岁月里信阳人乐观豁达精神的表现。

阿龙还记得，每逢过年，他跟妈妈一起去姥姥家时，姥姥姥爷都会把自己平时最舍不得吃，但也最好吃的菜摆上满满一桌，其中绝对少不了这道焖罐肉。一口下去，肉香味浓，肥而不腻，起再早的床、走再多的山路、饿再久的肚子……都变得微不足道了。

后来只要妈妈在家里做焖罐肉，嘴馋的阿龙都会主动跑到厨房里打下手，站在灶台旁，踮起脚目不转睛地盯着看。

阿龙看着妈妈用精盐给五花肉反复地“按摩”，一块块腌制好的猪肉被装进罐子封好，也看着肉块被一一取出加工，烧至喷香。他一边吞咽着口水，一边帮妈妈打打下手，添柴加火。

在阿龙看来，那些在厨房里打下手的日子非但不无聊，反而让童年的自己找到了内心的平静，感受到了幸福，所以长大后，兜兜转转，他还是选择回到让他感到愉悦的厨房，心甘情愿囿于方寸灶台前，延续着他的幸福。

直到现在他都还记得，每次肉刚出锅，妈妈就会喊他尝尝出锅的第一块肉，他呢，也完全顾不得烫，只是兴奋地张嘴咀嚼着。那滋味，是何等酥烂鲜美、筋道绵柔！以至于多年之后，他仍对这道焖罐肉念念不忘。

只可惜，打下手时，他个子不够高，能够看清的做菜步骤非常有限，他只能寻着记忆里的味道，尝试复刻童年时吃到的焖罐肉。

一开始的复刻并没有那么成功。还在郑州上班时，他就尝试过用从菜场里买回来的新鲜猪肉做焖罐肉。他问刚上小学的儿子：“到底是爸爸做的焖罐肉好吃，还是奶奶做的焖罐肉好吃？”

谁料儿子还挺会“端水”[1]，一边一个劲儿地夸奶奶做的肉更香，一边又说：“不

① 网络流行语，意思是一碗水端平，代表对每个人都公平、公正，不偏不倚。——编者注

过，我就爱吃瘦一点的，你做的这个正好。”

泄气的阿龙琢磨了半天，终于想明白为什么自己做的焖罐肉总是差那么一点感觉，原来就差在那食材上。老一辈的信阳人做焖罐肉，用的都是当地家养的淮南黑猪的肉。

比起集中饲养、快速出栏的猪，当地家养的猪多的不仅仅是纯正的肉香味儿，更是信阳独有的地方品质。

据专家对固始县出土的文物考证，早在西汉时期，信阳所在的大别山区就开始饲养淮南黑猪了。

得益于当地良好的生态条件和丰富的饲料资源，信阳当地家养的黑猪个个四肢雄健有力，被毛粗黑发亮。

家养的淮南黑猪生长周期较长、生长速度较慢，其肉肥瘦比例适宜，肉质紧实有嚼劲，即使经过高温蒸煮也不会变得过于软烂。

有鉴于此，当地一直都有吃黑猪肉的传统。“我们基本不吃白猪肉，因为黑猪肉更香。我们去街上买肉，一买就是好几斤，走亲戚、看望老人也都是提着黑猪肉当礼物。”

要不怎么说信阳人会吃呢？

解一次馋不够，还要用上“油封法”，将剩余的猪肉放进陶罐储存起来，做成焖罐肉。等到想吃的时候，舀上一勺，取出备用。

直到阿龙和原来的同事一拍即合，辞职回到信阳拍起美食视频后，他才终于有机会用家养的淮南黑猪来做正宗的焖罐肉。

在自建的露天厨房里，阿龙拿出两条已经简单腌制过几天的黑猪肉，麻利地将肉切成块状，再将多余的油脂炼出去，舀到一旁的碗里待用。

碗旁边放着一个干净的陶罐，阿龙一边往陶罐里码肉一边回忆说：“这陶罐还是我妈年轻时用过的，别看有些年头了，密封性还是很好。”说完还不忘往陶罐里撒上些许盐、花椒，倒进刚炼好的猪油。

完成这一系列工序，阿龙小心翼翼地捧起陶罐，把它搬到背阴处，说：“做焖罐肉，就要选个阴凉干燥的地方储存肉，千万不能被阳光暴晒。”

取出来的肉怎么吃，因人而异，随心而吃。如果你爱好原汁原味，可以将焖罐肉切片后蒸食，这样可以保持肉质的嫩滑和风味；如果你喜欢香脆的口感，不妨将焖罐肉切块后炒食，使其外表变得金黄酥脆；另外，还可以将焖罐肉加入汤中煮，炖成一锅热气腾腾的汤，抚慰奔波劳碌的身心。

阿龙就特别喜欢将焖罐肉盛几块出来放在他视频里常出现的大茶缸子里，用小火焖煮大概半小时，再配上信阳当地的青萝卜，别有一番滋味。有时候兴致来了，他还会和同事们拍完视频后，喝上一两杯自己酿的桑葚酒。酿酒用的桑葚就是从房子不远处的后山上摘的，个头虽不大，但洗干净、晾一下，配上冰糖、枸杞、红枣、白酒等，也可以酿出一罐美味的桑葚酒。阿龙说，他一般会泡上两个多月，等发酵的味散出来，这桑葚酒才算是成了。

在信阳，生活中的每顿饭都是不能含糊的。

在物质匮乏的时代，信阳人没有条件也会创造条件，不断探索美食的新做法。在信阳人眼里，谁说肉只能制成腊肉挂起来才能防止腐坏？谁又规定了制作焖罐肉只能用陶罐？明明泡酒的玻璃罐子也可以。只要能保持干燥且密封性好，尝试一下又何妨？

随着科学技术的飞快发展，很多传统技艺和生活方式渐渐淡出了人们的视野。城市的煤气取代了乡村的灶台；饲料喂养的量产猪肉取代了家养黑猪肉；过去家家过年都要自制焖罐肉的传统，也变成了少数人的坚守。

但阿龙仍坚守着，用最适宜的食材和做法，努力复刻记忆中的那罐信阳焖罐肉，努力找寻家乡的独特风味。他希望，通过在快手上的分享，让更多人能看到乡村生活和乡村美食。

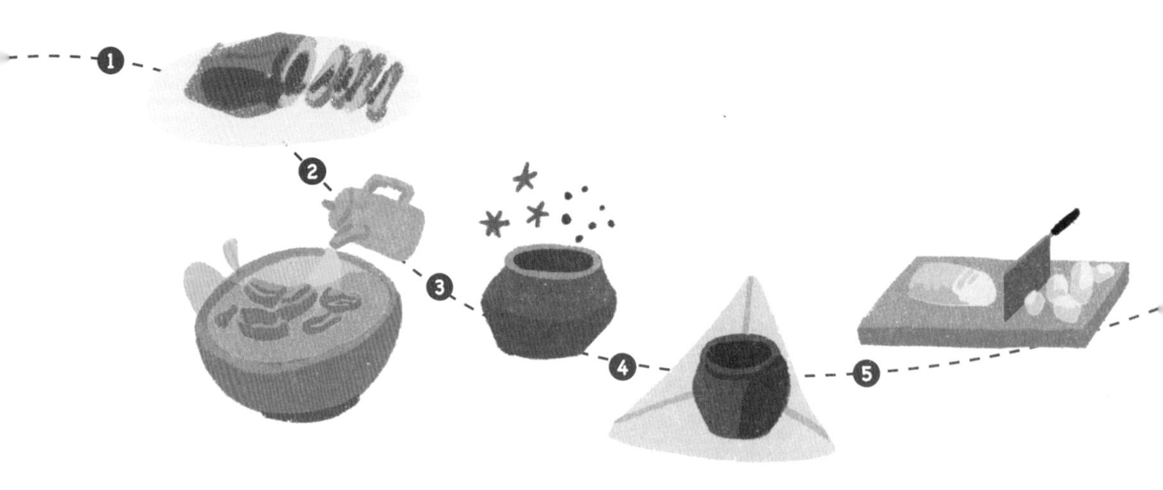

信阳焖罐肉

食材

1. 精品五花黑猪肉 1000 克
2. 青萝卜一颗

配料

油、盐、味精、胡椒粉、生抽、老抽、葱、姜、干辣椒、八角、花椒、蒜苗、南德调味料

做法

第 1 步
将五花肉洗净，改刀切成一指厚、四指宽的长条，撒上少许盐，腌制 5 ~ 8 小时。

第 2 步
把锅烧热，加入少许植物油，放入五花肉进行炼制，直至五花肉呈金黄色时捞出装罐。

第 3 步
陶罐内放入 3 颗八角、10 粒左右花椒，再将炼出的猪油倒入陶罐，油要盖住猪肉。

第 4 步
将陶罐放阴凉干燥处封存约 7 天。

第 5 步
青萝卜切成滚刀块备用。

第 6 步
取出封存好的五花肉，将其放入锅中炼化，倒出多余油脂，放入葱、姜、干辣椒炒香。

第 7 步
加水没过猪肉，放入盐、味精、胡椒粉、南德调味料、生抽进行调味，加入少许老抽上色，大火烧开后转小火盖盖焖约 10 分钟。

第 8 步
将切好的萝卜倒入锅中焖约 10 分钟。

第 9 步
关火出锅，将做好的焖罐肉装入器皿，撒上一点蒜苗段（或香菜段）即可食用。

“人这一辈子到老了回忆最多的就是一家人在一张饭桌上吃饭的场景，轻轻松松、其乐融融。”

@ 红红的菜

快手美食创作者，快手 ID:441811749，粉丝 71 万

贤惠的红红来自河北石家庄，这几年她和丈夫试过好多种“夫妻店”创业，一起开过火锅店，蒸过馒头，卖过龙虾。他们从 2022 年夏天开始在快手上发平日给家人做家常菜的视频。她说自己的快手账号取名“红红的菜”的原因是，每个人做菜都有独特的味道，而自己做的菜就是家人最爱吃的口味。

河北

八大碗

在河北，有一道菜制作起来需要整整两天的时间，可一上桌，可能两分钟就没了。那是喜宴上的压轴菜——八大碗。

红红是土生土长的河北石家庄人，她说自己参加过不少乡村婚礼，各色菜样倒是吃了不少，唯独这八大碗是越来越少见。

八大碗，在搭配上讲究颇多，做起来也费工夫，所以只有在最尊贵的客人上门时，家里才会准备。婚礼喜宴上最后上这道菜，更多是在表达一种情感的寄托。用近两天时间慢慢准备制作的八大碗，其背后是来自家人满满的期待与祝福。

红红家里也做过八大碗，是她和父母一起做的。那时红红还在单位上班，丈夫达哥刚退伍回乡。他们是经人介绍认识的，俩人第一次见面就相谈甚欢，或许是因为有相似的童年经历，他们惺惺相惜，几次接触下来，他们就已明确了彼此的心意。

两人相处一段时间后顺理成章地结了婚。婚后第一个春节，达哥头一回回门拜访红红的父母。红红的父母为了好好招待新女婿，决定做上一桌八大碗，红红也积极地给父母打下手，激动又羞涩。相传，这是古代将军赵子龙胜仗归来时用来犒劳将士们的八大碗荤素搭配的菜式，一直流传至今。

传统的八大碗包含八碗八碟，八碟是些餐前小菜，比如花生米、水果、咸菜这些，八碗则是四荤四素：四荤以猪肉为主要食材，分别有扣肘、扣肉、方肉、肉丸子、酥肉、焖子等；四素包括萝卜、海带、粉条、豆腐等三十余种食材，想吃什么都可以搭配来做。

红红家当时做的八大碗包括，荤菜：扣肘、扣肉、方肉和焖子；素菜：豆腐、白菜、萝卜和粉条。

红红当时只知道八大碗制作时间很长，准备起来要花不少工夫，但没想到，从选食材到切菜，都有那么多讲究。

做荤菜用的都是精选的上等猪肉。红红的父亲一大早守着猪肉档，就是为了挑选到最好的肘子肉、梅花肉和五花肉；肘子一般选猪后腿的，皮厚肉满；扣肉选猪的腩肉，那是一头猪身上仅有的一块 A5 纸大小的肥瘦相间的五花肉；方肉同样是选用五花肉，切成十厘米左右见方。素菜也十分讲究食材的新鲜程度和搭配方式，入选的是爽脆的萝卜和糯滑的豆腐。

八大碗对刀工的要求特别高。父亲看着买来的肉，打量好后才在大致的位置手起刀落、切面而下：方肉需要切块，四面见线，方方正正；其他肉要切片，长短厚薄都有讲究，要摆得整整齐齐。

切素菜同样讲究。豆腐嫩而易碎，要稳稳下刀轻轻切，刀起后，豆腐依旧完整。萝卜切丝，缕缕相似，刀要快起快落，才能保证萝卜丝细而不断。

八大碗从最初准备到上桌，各种烹饪手法如扒、焖、酱、烧、炖、炒、蒸、熘等要轮换着用。单单是荤菜就需要经过开肉、切肉、抹面酱、过油、装碗、蒸、

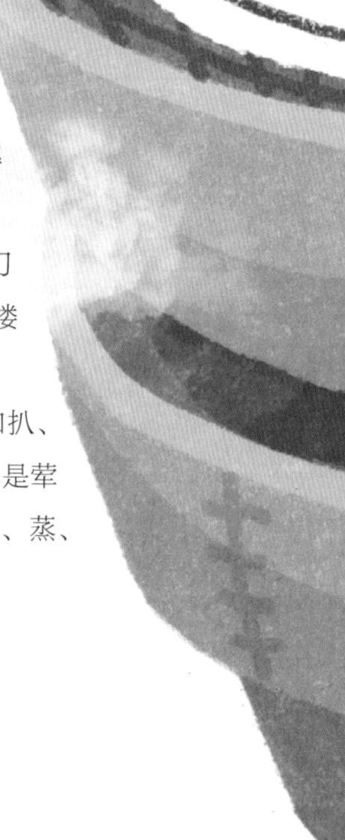

熘、加汤、加热这几个程序，才能被端上桌。

父亲把肘子的骨头去除后，红红就用针在扣肉、肘子肉上扎一些小孔，再把肘子肉、扣肉、方肉放进油锅里炸。高温的香油与扎满小孔的猪皮相遇，高温在猪皮内爆破脂肪，发出滋滋的声音。通过控制时间和火候，猪皮会起酥发泡。这是扣肉、肘子肉酥脆呈虎皮状的主要原因。

油炸过的三样肉必须放在清水中浸泡 3 ~ 5 小时，为的是让干燥的猪皮吸收充足的水分。

最后，就要把朱红色的虎皮方肉、丰满浑圆的肘子肉、节节高升的扣肉以及一道晶莹剔透的焖子，整整齐齐地码在蒸笼里。蒸的过程要先用“武火”后用“文火”，并且最重要的是二蒸。因为头次蒸是排去猪肉杂味的过程，二蒸才能将肉的香味激发出来，这样才能显出八大碗的独到之处。

等达哥到了，要开饭了，八大碗就被放回锅上加热，加汤汁。八大碗一端上桌，达哥就感受到了红红一家人对他的重视和期许，这也让达哥真正融入了这个家庭。一家人围着一桌菜，满是欢喜和温馨。

八大碗做全套，实属不易，为此红红经常和达哥打趣说：“以后你要对我好，不然这八大碗就白吃了！”

两个人一路走来，一起创业，开过很多饭馆，但都亏了。可达哥安慰红红说：“你做的家常菜那么好吃，我第一次去你家里吃到的八大碗，依然

记忆犹新。”这也一下子点醒了红红，于是，她开始尝试着把这道美食搬上短视频平台，通过美食短视频把幸福的味道传递给更多人。而达哥也成了视频里那个不管媳妇做什么菜，都会第一个捧场、第一个赞不绝口的人。

红红也尝试把复杂的八大碗简单化，让更多人可以吃上八大碗。在红红经常做的几样“八大碗”里，焖子是全家人最爱吃的。红红根据家人的口味，在制作过程中做了些改良。

焖子的食材非常简单，只有猪肉和红薯粉条。

但大块的猪肉中肉本身的香气无法被直接激发，因此蒸焖子的第一步就是将肥瘦相间的猪肉剁成肉末，加入葱姜汁儿去腥备用。

在炒肉末之前，红红喜欢先炒香料，用炒香料剩下的油炒肉末，这样更有助于激发肉香。肉末一下锅，香味儿扑鼻而来。

炒好的肉末放锅里直接加水，丝毫不会影响口感和香味儿，这时候再下入事先泡好的红薯粉条一起煮，肉香的侵袭就会更猛烈。随后起锅加入水淀粉，将锅中之物倒入方形的模具中蒸上十几分钟后，香喷喷的焖子便可以出锅了。

切块摆盘，桌边的大人小孩就吃得津津有味，这也是红红最开心幸福的时刻。

虽然随着时代的变化，八大碗不再是本来的样式，从以猪肉为主到鸡鸭牛羊皆有，碗越来越多，选择也越来越多，但不变的是它在河北人心中依然是珍贵的存在：花上几天的工夫，为重要的人和事准备八大碗，这种仪式感在略显粗犷的北方人眼中是浪漫而弥足珍贵的。

聊起什么时候才会再做上一桌八大碗，而不单单只做一碗焖子时，红红笑着说：“可能也要等女婿第一次上门时，我才会做齐这八大碗甚至十几大碗吧！”

记忆里最好的美食还是要留给人生中那些闪光的、最珍贵的时刻。

八大碗·焖子

食材

1. 精选新鲜前膀肉 250 克
2. 红薯粉条

配料

葱、姜、水、盐、生抽、老抽、十三香、蚝油、红薯芡粉、花椒、八角、桂皮、香叶、松茸调味料

做法

第 1 步
将红薯粉条放温水中泡软，焯水后装盘备用。

第 2 步
将新鲜猪肉剁馅，切好葱、姜备用。

第 3 步
在炒锅里放花椒、八角、桂皮、香叶，慢火煸出香味，煸香后将香料捞出。

第 4 步
在炒锅里放葱、姜爆香，慢火煸炒 1 ~ 2 分钟。

第 5 步
将新鲜猪肉馅放入炒锅中炒香，炒至变色，加入生抽、少许老抽、蚝油及少许松茸调味料、十三香、盐调味。

第 6 步
加入热水和备好的粉条，炖约 6 分钟。

第 7 步
按照 500 克粉条放 400 克红薯芡粉的比例调制芡糊，注意要用冷水澥开，搅成酸奶状。

第 8 步
把熬黏稠的粉条和肉馅放到调好的芡糊里，搅拌均匀后放入模具，放到蒸屉上，大火烧开，中小火蒸 40 分钟，出锅。

“料理够新鲜才好吃，就是要做到‘食在季，吃在地’。”

@ 上青杰哥

快手美食创作者，快手 ID:2359906459，粉丝 354 万

杰哥于 20 世纪 70 年代出生在福建厦门一个渔民家庭里，作为生长在海边的南方人，杰哥喜欢吃海鲜，也懂海鲜。20 年坚持每天去渔港收货，不计成本只为一个“鲜”字。如今他一边拍美食短视频，一边经营着一家上青海鲜餐厅，孜孜不倦地探索海鲜与更多食材碰撞出的美味。

闽南

血龙炖牛腩

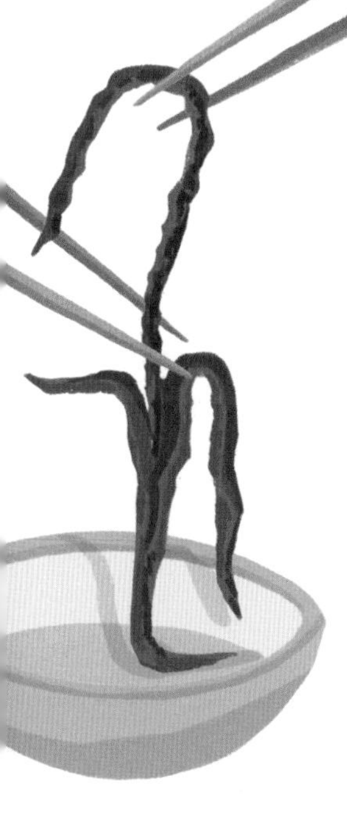

在闽南语中，“上青”即“鲜”。

当考古学家在西周时期的鼎盖上发现“鲜”字时，大家才知道原来最早的“鲜”字并非左右结构，而是上下结构的——上羊下鱼。

羊与鱼“相爱”成为“鲜”，从中，我们可以感受到古人对美食的研究颇深刻。那么肉与海鲜的相融是否真的能迸发出“羊与鱼”的味道呢？

其实，沿海的闽南人早已将肉与海鲜结合。

上青杰哥就在厦门开了一家上青海鲜餐厅，主打一份“鲜”，连续多年获得了“优质餐厅”的“黑珍珠”特优称号。

上青杰哥一直秉持着“食当季，吃在地”的观点，他出生在这片大海边，从小吃海里的食材长大。他懂这片大海，更了解大海里各种食材的特性，总能在最合适的季节给食客们推荐最美味的海鲜。

在秋冬之交，他独创了一道“上青”的佳肴。这道佳肴使用了两种食材：一种是生猛昂贵的血鳗鱼，被闽南人称为“血龙”；另一种是路人皆知、物美价廉的黄牛腩。

昂贵的血龙虽然形似黄鳝，但是在食材领域属于顶级的存在。用上青杰哥的原话来形容它就是：“啊哈！如果土龙在闽南叫‘一哥’啊，那血龙就是千年老二。”血龙在鱼类食材领域可谓“一鱼之下，万鱼之上”。

野生的血龙极为稀少，往往有价无市。普通血龙的市场价格能达到两三千元一斤，而特级血龙的价格能达到四五千元一斤。

在福建的白沙港码头，即使你给出高价让船老大将血龙卖给你，他们也只会对你摇摇头，除非你是熟人并且预定，否则给出高价也无济于事。

因为上青杰哥懂食材，而且会用食材，所以船老大们喜欢给上青杰哥提供最新鲜的食材。久而久之，上青杰哥在船老大圈里也积累了威望。他每次光临码头，船老大们都大声招呼着他上船看新鲜的鱼、虾、蟹、海贝等各种新鲜的食材。预定血龙，对上青杰哥来说当然不是难事。

每次，上青杰哥都会早早在码头等着野生血龙的到来。

血龙的常见做法也就是清蒸、焖煮、油炸。大约拇指粗细，长约 50 厘米的血龙一般使用清蒸的方法，比较适合海边人的口味；小约小指粗细，长约 20 厘米的血龙一般用焖煮和油炸的方法，这样的烹饪方法能让小型鱼类拥有最好的口感。

血龙单独作为一味菜肴也是一种“上青”的美味，但是上青杰哥认为略显单调的清蒸血龙还可以更“上青”一点儿：比如血龙配黄牛腩，是海味与肉的结合，相辅相成，层次分明。或许上青杰哥自己也不知道，他居然穿越数千年和孔子达成了一个关于“鲜”的共识。

此时，黄牛的牛腩成了这道菜肴搭配的首选食材。

为什么不选猪肉呢？

其实猪肉也是一种不错的选择。比如，我们在南方常见的“红鱼干焖猪蹄”，就是选用猪蹄作为鱼类主要的肉类伴侣。因为红鱼干是一种干货，在烹饪的过程中需要吸收猪蹄的油脂，其鲜味才能得以提升。血龙则是生猛海鲜，如果用猪肉进行搭配，成就的味道就类似于“蛤蜊炖鸡”，比较清淡。

这种清淡并不是上青杰哥寻找的“上青”味道。

而牛腩肉成了他极佳的选择。

牛腩本是牛肉里比较特殊的一种，它分肌肉层、筋膜层、脂肪层三层。正是不同质地的三层肉，使得煮得软烂

的牛腩入口时，依然嚼劲十足、口感丰富，让舌尖充斥着满足感。香料的辅助又能最大程度激发牛腩的香味。

这种血龙的鲜味和牛腩的香味糅合，才是上青杰哥想要的“上青”。

上青杰哥做“血龙炖牛腩”时，会将牛腩冷水下锅进行焯水。冷水下锅，为的是通过水温慢慢升高，排出肉内的血水。

焯水只是第一步，要牛腩好吃，当然少不了辅料的“九君子”。

八角、桂皮、草果、香叶、陈皮、肉蔻、胡椒、料酒、生姜，这九君子中有八种香料。放这么多香料，目的是让牛腩在炖煮时吸收草木的药性，将温补的效果发挥到极致。不过，煮牛腩不能太着急，要讲究慢工夫：大火烧开、小火炖煮，给予足够的时间和发挥的空间。这样煮出的牛腩才是极品。

炖好牛腩只是其中一步，关键的步骤是处理血龙。作为生猛海鲜的血龙，享受着“高鱼一等”的待遇。血龙最好不要直接杀，而是用冰块将其冻晕。冻晕后的血龙就像一条细长而坚硬的小铁枝。趁着它们晕厥时，先用干净的毛巾擦去它们身体上的黏液，然后再用剪刀取出体内的胆囊。

或许你会问：“为什么不将血龙砍成段呢？”

血龙最有营养的部分不是肉，而是它的血液。它的血液中富含铁、锌、血红蛋白，还有各种人体必需的微量元素。如果砍成段，鱼血就会流干，此时，我们吃血龙就等于买椟还珠。

上青杰哥把处理干净的血龙放在砂锅里，然后装入已经煮好的牛腩，再上锅煮 10 分钟。浓汤咕咕冒泡，直到牛腩炖至软糯。

这时候，葱花就是这道菜最后的精华。一把葱花，不仅是菜色的点缀，更为这道菜增添了几分层次感。

牛腩丰富的口感，软烂而且有嚼劲；吃血龙要用筷子夹住血龙头部一撸而下，剔除整条“龙骨”，吃那一团深褐色的肉。

一般海鲜都属凉性，而这道菜却能将体内的阳气激发出来。大地与海洋互相融合的美食中，就蕴含着上青杰哥追求的鲜。

“上青”，不但是闽南人对美食的追求，也是世界各地的人们对美食的追求。“食在季，吃在地”是上青杰哥对美食的极致追求。他舍不得浪费每一味新鲜的食材，更舍不得让人嗤之以鼻。

上青杰哥把大海的馈赠尽可能以新鲜、原汁原味的方式呈现给每一位美食爱好者。这一道“血龙炖牛腩”，吃的就是上青杰哥对新鲜食材的物尽其用，是上青杰哥对“鲜”孜孜不倦的追求。

血龙炖牛腩

食材

1. 血龙
2. 牛腩

配料

油、八角、桂皮、草果、香叶、陈皮、肉蔻、胡椒、料酒、生姜、盐、葱花、生抽

做法

第1步

将新鲜的牛腩切成约两指宽，冷水下锅，加入盐和料酒，煮开后捞出备用。

第2步

准备香料包。八角、桂皮、草果、香叶、陈皮、肉蔻、胡椒，放进热锅中炒香（切记不要放油），炒香后用塑料袋装起来，并扎紧袋口。

第3步

煮牛腩。热锅倒入油，炒干焯水后的牛腩，倒入开水，放入盐、香料包、生姜一起焖煮。在焖煮的过程中，先大火把锅里的水烧开，然后小火焖煮 1 ~ 2 小时，直至牛腩软烂。

第4步

处理血龙。将新鲜的血龙用冰块冻僵，用干净的布擦去鱼体的黏液，去除鱼胆。放进砂锅里备用。

第5步

将煮好的牛腩盛进放有血龙的砂锅内，再次烧开，撒上葱花，出锅。

“对我来说，学会一道菜永远是让人兴奋的，爷爷的肯定会让我更有成就感！”

@ 钞可爱

快手美食创作者，快手 ID:2364625400，粉丝 261 万

来自四川宜宾的钞可爱不仅人如其名，活泼可爱，还有着这届“00后”的特质：古灵精怪、想法多，动手能力也强。她从小跟着爷爷长大，爱吃，也爱在厨房里倒腾。毕业后，她舍不得离开爷爷，就干脆回到家乡，把爷孙俩的日常三餐、山野生活拍成了视频。

自贡

冷吃兔

东西要趁热吃，水要趁热喝，事儿要趁热打铁做……热，是咱们中国人刻进骨子里的“常识”。

热乎乎的食物，是新鲜的、有烟火气的。很多美食讲究的是趁热吃，这样才能尝到其中味道。但有一道菜却是个例外，那就是冷吃兔。

对外地的食客来说，冷吃兔充满神秘感，听起来似乎与热辣滚烫的四川菜格格不入。

冷吃兔又叫麻辣兔丁，是四川名菜，也是冷吃牛肉、冷吃羊肉、冷吃杏鲍菇等一系列冷吃美食的鼻祖。最令人好奇的是，麻辣兔丁为什么不叫“热吃兔”，而是叫“冷吃兔”？

原来，刚出锅的兔肉，还未完全吸收香料的香味，而放凉的过程就是兔肉继续吸收香料和辣椒香味的过程。等到凉透食用，兔肉才更香、更辣、更入味。

作为一个土生土长的川妹子，钞可爱上学时最馋的零食就是爷爷做的冷吃兔。

在高中时每一个返校的日子里，爷爷总会提前把做好的冷吃兔装进饭盒，然后偷偷塞进孙女的书包里。钞可爱每次一打开书包，就能闻到让人直流口水的香气。

对于钞可爱来说，这熟悉的香辣味道是学生时代打牙祭的轻松快乐，也是漫长寄宿时光里的乡愁慰藉。

都说“没有一只兔子能活着跑出四川”，钞可爱笑着应和：“兔子连我家都出不去！”

钞可爱性格开朗，爱说爱笑，像大部分“00 后”女孩一样追求时髦、爱打扮。不过你可能很好奇，为什么这样的她在大学毕业之后，又选择回到小山村。

她的答案很简单，说出答案时她也没有一丝犹豫：“我要回来照顾爷爷。”钞可爱的父母在她很小的时候就出去打工，她和姐姐是爷爷奶奶一手带大的，和祖辈的感情很深。长大后，在山中独居的爷爷成了她的牵挂。

不过回到家乡的她并没有放弃与外界的联结，她把自己的兴趣发展成了一门手艺，通过短视频让更多人知道了家乡的美食。钞可爱把这些日常、美食都拍了下来做成短视频。在视频里，她时常追着爷爷养的兔子满山跑，时常被爷爷的“骂声”追得满山跑。

钞可爱做过、吃过很多热辣的四川美食，但肚子里的馋虫也有偏爱，童年时爷爷教她炒的那一碟冷吃兔，最值得回味。

爷爷是个地道的四川人，无辣不欢，又爱喝点儿小酒。冷吃兔因为口感香辣，又容易保存，理所当然成了爷爷的下酒菜。

小时候，钞可爱经常看到桌子上摆着一碟红彤彤的菜，爷爷举着酒杯，时不时地夹一筷子菜又抿一小口酒。钞可爱十分好奇，问爷爷：“爷爷，你为什么要就着辣椒喝酒啊？”

爷爷爽朗大笑，说：“这是冷吃兔，辣椒里找肉吃，巴适得很！”见孙女如此有兴趣，爷爷便决定把这道菜的做法教给眼前这个爱吃、爱倒腾的小孙女。

但学做冷吃兔可不是件容易的事情。

兔子当然是这道美食的关键，但不是随便逮一只兔子来就能做出麻辣弹牙的美食，只有生长了三五个月的仔兔，才适合用来制作这道菜。

三五个月大的仔兔，一般只有 2 ~ 4 斤，肉质鲜嫩，最能经受住制作过程中的香炸和翻炒。好在，对于钞可爱来说，找兔子不算什么难题。在钞可爱居住的乡村里，家家户户都会空出一块平地或在小山丘上找一块地，用来养鸡、养鸭、养兔子。悠闲嬉戏的鸡鸭，满山跑的兔子，用来制作美食将将好。

原材料有了，配料在这道菜里也是重头戏。四川菜喜辣喜麻，单单这两种口味，就让初学者必须花些时间去甄别和挑选食材，否则做出的四川菜就只得其形，不得其精髓。

辣味源于辣椒，麻味源于花椒，而辣椒和花椒都分品种、分干湿、分形态，到底怎么挑选才更合适？

爷爷把自己的“独门秘诀”教给了孙女：普通干海椒（四川人习惯将辣椒叫作海椒）和兔肉按 1：1 配比；干花椒，青的增麻、红的增香，两者随手抓一把！辣椒面和花椒面在腌制和提色方面当然也必不可少。在做过无数次冷吃兔之后，钞可爱对这些早已烂熟于心。

干红辣椒剪段，在加了少许盐的沸水中过一遍，辣椒就变得更鲜红、更诱人了。钞可爱说，被这样处理过的干辣椒在炒的过程中不易煳、不易焦。

热爱美食的人，果然更懂美食。

兔肉先炸香，加入同比例的香料翻炒入味，撒上白芝麻，出锅装盘，一道麻辣鲜香的冷吃兔就完成了。

每到这个时候，钞可爱都馋到流口水了，爷爷却会及时拦住孙女已经伸到一半的手：“别着急吃，俗话说‘心急吃不了热豆腐’，美食是需要等待的。”爷爷总是一边说一边把菜端走。

“冷吃兔，当然要吃冷的嘛！”把它晾凉，甚至可以放进冰箱，等上几小时，再打开时其香味更加浓郁，口感更好。

不过有时候，钞可爱实在忍不住了，也会偷偷跟在爷爷的背后，等爷爷一走开就偷偷抓来吃。这道菜，热气腾腾地吃，尝的是新鲜出锅的鲜嫩劲儿；冷着吃，吃的是渗到肉里的辛爽、麻辣。

长大以后，钞可爱也经常做这道菜。每一次在后山逮兔子，她总会被爷爷责怪一番，但等到兔肉端上桌，爷爷又总是吃得最香的那个。钞可爱也在学着做各种不一样的美食，而爷爷永远是尝第一口的人。钞可爱说："对我来说，学会一道菜是永远让人兴奋的，而爷爷的肯定会让我更有成就感！"

和爷爷一边打趣一边吃饭，总能呈现这样的温馨画面，这也成了钞可爱美食视频的最大特点之一。

去河里捞鱼，去田里捉虾，去山上追兔子；如画的风景，可口的美食和年迈亲切的爷爷，家乡的一切都被钞可爱记录在镜头之下。

像很多四川人一样，钞可爱和爷爷热爱生活，热爱美食，慢条斯理，从从容容。

离开光怪陆离的大城市，为热爱而返回小村庄，钞可爱不觉孤独失落。能够陪伴爷爷安安静静地吃肉喝酒，偶尔打闹嬉笑，她觉得这样的生活就挺好。

冷吃兔

食材

新鲜兔子 1000~1500 克

配料

油、料酒、白糖、醋、鸡精、味精、盐、大量干辣椒、干花椒、大葱、洋葱、老姜、青红花椒、干海椒面、白芝麻、香辛料（桂皮、陈皮、山奈、八角、茴香、香果、草果、砂仁、香叶、白蔻）

做法

第 1 步

将兔子切成一厘米见方的小丁（小一点儿更好入味）。

第 2 步

腌制兔丁。放入鸡精、味精、料酒、老姜、大葱、盐，反复抓匀入味。

第 3 步

炒制前先将干辣椒过一遍水，这样不容易炒焦。

第 4 步

把准备好的香料打成香料粉。

第 5 步

锅中放油，下大葱段、姜片、洋葱，等油从大泡泡变小泡泡，配料完全炸干捞起来。

第 6 步

下兔丁炸干水分，下葱段、青红花椒、发好的陈皮，处理好的干辣椒段。

第 7 步

加鸡精、味精、盐、白糖、醋调味，加料酒、干海椒面、香料粉，最后再加点儿白芝麻，出锅。放凉。

“我想给孩子记录做美食的过程，因为美食是有记忆的，也是可以被传承的，我的许多做菜技巧就是向我妈妈学的。”

@ 乡野丽江 娇子

快手美食创作者，快手 ID:252933812，粉丝 519 万

娇子离开家乡云南曲靖后，曾在昆明做设计师，后来为了陪伴和支持丈夫创业回到了丽江，通过直播电商卖当地杧果。为了吸引更多粉丝，也为了给孩子记录做美食的过程，她拍起了美食短视频。其温暖的家庭氛围打动了快手上的不少“老铁”。

丽江 腊排骨

排骨要怎么做才好吃？

放上各种调味料和蔬菜，被炖得软烂脱骨？还是撒上香辛料，在炭火上烤得飘香四溢？

丽江腊排骨可不需要这么多复杂的工序。它没有调味料丰富的香气，只要有盐巴这一种调料，就足以让香气发挥得淋漓尽致。制作可以简便，但味道不能简单。

第一次吃它的人，都会为它的层次分明、口感丰富而感到惊喜。

娇子第一次吃到腊排骨，还是在大学时，男朋友带她去学校旁的小吃街。两个人相识于昆明一所大学，因为参加学院活动而互相熟悉起来。当时娇子刚上大学，虽然有一腔热情，但对未来感到一片迷茫，是男朋友耐心地陪伴着她，一起分析情况，一步步制定目标，描绘未来生活的图景。

学生时代的恋爱简单又直接，自己喜欢的好东西，一定会分享给对方，希望对方也能喜欢。

跟着男朋友，娇子也喜欢上了这一锅腊排骨，味道与自己家乡曲靖的宣威火腿有相似的香气。只要一发生活费，两个人铁定要去学校小吃街的小店吃上一顿，打打牙祭。

许多年过去，当年的男朋友早已变成了丈夫，可每次吃到那一口腊排骨，娇子还是会回想起当年两人青葱时代甜蜜轻松的生活。如今，她也成了做腊排骨的高手，每逢过年都会做上一大扇腊排骨，和一大家子一起品尝。

娇子现在对制作这道丽江特色美食称得上得心应手，一家人也在丽江过上了安逸平静的幸福生活，但想当初，她和丈夫至今为止唯一的一次吵架，就是为了要不要去丽江生活。

刚毕业时，夫妻俩留在了昆明，娇子也找到一份设计师的工作。但因为丈夫想回家照顾老人，坚持回丽江创业。两人为此争执不下，最后决定先分居两地工作。娇子的丈夫为了兼顾妻子和老人，凭着一股闯劲儿努力拼搏，终于在两年内做出了一些成绩。娇子看到了丈夫的诚意，也心疼丈夫的辛苦，最终随丈夫来到了丽江，一起担起事业和家庭的重担。

在娇子看来，这并不是谁对谁的妥协，因为生活无非柴米油盐酱醋茶，夫妻二人要做的就是劲儿往一处使，互相扶持着把日子过好。

腊排骨是丽江纳西族的特色食物。这道菜源于纳西族名菜“三叠水”，一般用来招待远道而来的客人。“三叠水”，按照所上菜肴的口味分为三次上席。第一叠是各类甜点，第二叠是各类凉菜，第三叠的主菜就是热气腾腾的腊排骨火锅。相传，当年徐霞客游历丽江，纳西土司就曾用108道“三叠水”来款待他，简直就是纳西人的“满汉全席”。

随着时间的推移，丽江腊排骨因为美味而被更多人接受，逐渐成为丽江的特色菜，不再仅属于纳西族，制作腊排骨也成为丽江当地的一种风俗。

丽江腊排骨的制作工艺并不复杂，但对食材的要求很高，只有选用丽江当地的新鲜走地黑毛猪，才能保证肉质鲜嫩多汁。腊排骨只选黑毛猪的肋排部分，这样才能保证做出来的腊排骨肉味浓香，瘦而不柴，肥而不腻。

把洗好的肋排晾干，抹上几遍烈酒，起到杀菌和提香的作用，再把精盐、草果粉、花椒粉均匀地抹在排骨上，在通风且阴凉的地方晾上几天。

不过，在整个过程中，对腌制时间和盐的用量也很有讲究。盐不能太少，否则排骨会腐败；也不能太多，否则味道太咸，肉也太紧。500克的排骨大概要放15~20克盐。抹上盐的排骨一定要腌制20天以上才能达到最好的风味。

当然，制作丽江腊排骨对环境也有一定要求。丽江四面环山，冬季风大且干燥，早晚温差也大。这边的住房早些年主要以木头房子和土房为主，通风良好，且一般人家都有单独存放食物的屋子，使食物能不被生活用水和热气影响，并保持干燥，天然是腊味晾干的场地。这也是为什么腊排骨成了丽江的特色美食。

如今，腊排骨对娇子来说已经成了“家的味道”，孩子们也非常喜欢吃腊排骨，用娇子的话说，每次做腊排骨火锅，孩子就会比平时多吃一碗饭，是实实在在的“压饭榔头”。

腊排骨火锅是腊排骨最经典的吃法之一。每次做腊排骨火锅前，娇子都需要做漫长的准备工作。

先是把风干好的腊排骨切成小块，冷水放进锅中，等水煮开20分钟，确保汤底没有杂质，味道醇香。第一次煮完后，就把腊排骨捞出来，放在锅中接着熬汤，经过文火慢炖，汤汁白净浓厚，肉香四溢，这就是接下来要用的汤底了。

吃火锅还要准备有当地特色的新鲜蔬菜：薄荷、韭菜根、西红柿、芹菜、洋芋、野生菌、慈姑、板蓝根等。把它们码在腊排骨锅里一煮，能逼出蔬菜自身的香气，汤底更是裹挟了肉香和骨头香，胶质浓稠，每一口都是享受。

一家人围在桌子前，守着咕嘟咕嘟冒泡的汤底，互相从锅里夹起对方爱吃的食物放到对方碗里，娇子觉得，这就是自己追求的平稳而幸福的生活。她用短视频记录做美食的过程，正是想记住这种幸福的味道，因为美食是有记忆的，它也可以传承，娇子熟稔的许多做菜技巧就是向她的妈妈学的呢。

现在，娇子和丈夫创业成功，生活已经好了起来，两个人正在丽江修建自己的大房子，希望未来能给孩子们一个更舒适的生活环境。

娇子说，现在与大学时相对拮据的生活大不一样，可一家人还是最喜欢这道菜，而自己做的腊排骨别有风味。

腊排骨火锅这道美食，不仅陪伴娇子夫妻二人一路走来，更见证了许多丽江家庭的起伏与悲欢。

也许，那道让我们与家人建立联结的美食就是我们人生中最爱的味道。

丽江腊排骨火锅

食材

1. 丽江腊排骨
2. 韭菜根
3. 豆芽
4. 西红柿
5. 土豆
6. 山药
7. 莴笋条

配料

葱、姜、蒜、香菜、花椒、腐乳、辣椒面

做法

第 1 步

腊排骨焯水。将泡过水的腊排骨放入冷水锅中，大火煮 20 分钟后把排骨捞起。

第 2 步

备汤。将煮过的排骨，重新加水没过排骨，大火煮开之后小火炖 40~60 分钟，煮好腊排骨及汤备用。

第 3 步

铺锅底。将韭菜根、豆芽、西红柿、土豆、山药、莴笋条层层码好，最后放上煮好的腊排骨。

第 4 步

准备蘸水。小葱、香菜、蒜和姜统统切碎，加上辣椒面和一点腐乳，再加入一勺汤水就是好吃又好做的蘸水。

第 5 步

铺好的锅底加上备好的汤，汤煮开后盛一勺把蘸水化开，开吃。

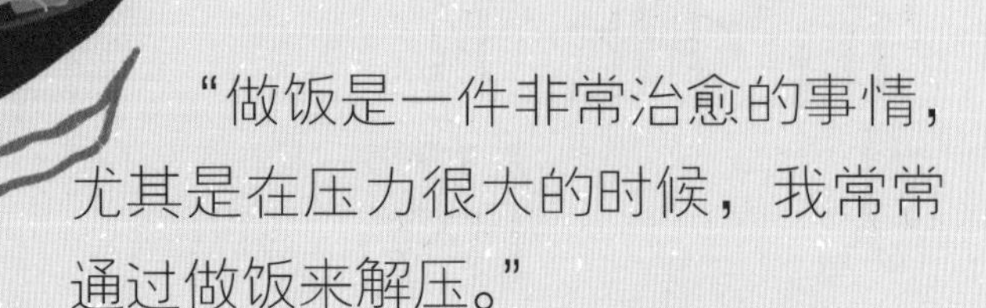

“做饭是一件非常治愈的事情，尤其是在压力很大的时候，我常常通过做饭来解压。”

@ 向小荡

快手美食创作者，快手 ID:1089729801，粉丝 50 万

这个活泼利落的四川绵阳姑娘从小就喜欢给自己开小灶捣鼓美食，和家住内江的丈夫也是因吃结缘。向小荡夫妇经营过电脑店，闭店后果断抓住了美食短视频的风口，将爱好变成了工作，没想到还收获了众多爱好盐帮菜的粉丝。

自贡 鲜锅兔

自贡，号称千年盐都，盐帮菜更是四川菜中独树一帜的一派。它重盐重辣、味厚味足，能让原本略显寡淡的兔肉，瞬间变得活色生香！

在自贡，上自顶级大厨，下至寻常百姓，几乎人人都有自己的拿手兔菜。鲜锅兔、冷吃兔、双椒兔、干椒兔、干锅兔、蘸水兔、烫皮兔、手撕兔，各式各样的兔兔美食，只有你想不到，没有自贡人做不出。

其中，最让向小荡食指大动的还是鲜锅兔。

她回忆道，这是她和丈夫，也就是当时的男友谈恋爱时，初到内江后吃的第一道菜。菜一端上来，就看见粉嫩的兔丁藏在红绿两色的辣椒和黄色的仔姜之间。五颜六色的视觉体验和阵阵扑鼻的肉香，让原本不吃兔肉的她，也忍不住在男友的强烈推荐下尝了一口。

果不其然，正如其别名“尖叫兔”，鲜锅兔的确辣得她很想尖叫，可嘴巴却被“鲜”得根本停不下来。很快，随着桌上擦汗的纸巾越来越多，锅里的兔肉不一会儿就见底了。

作为一个资深吃货，向小荡一上桌就问出了大家一直想问的问题：“在内江吃自贡菜，会不会不正宗？”男友笑着解释说，两地距离非常近，开车也不过一顿饭的时间，很多自贡本土的盐帮菜，内江人也做得极好。不像她的家乡绵阳，兔子的做法多是红烧和卤煮，和盐帮菜的做法差别较大。

看着男友谈起兔肉时兴奋不已的样子，向小荡暗下决心，一定要将这道鲜锅兔的做法学会，用美食来虏获男友的胃！向小荡在两人住的出租屋里，开始了她的钻研。

因为从小就喜欢折腾美食，向小荡的做菜天赋挺高。10岁时，她就用屋顶上的小青瓦做锅，石头做灶台，做起了创意零食——琥珀核桃。将在山上吃到腻的核桃，放在烤化的糖浆里裹上一两圈，等到晾冷以后再吃。脆脆甜甜、与众不同的口感，让身边的大小孩子都追着找她要来吃。

向小荡和她男友没有别的奢侈爱好，就喜欢吃。只要有点空闲时间或发了工资，他们做的第一件事一定是去找好吃的。吃的多了，二人对美食也就渐渐形成了一套自己的观点和标准。比如说烧烤，即使是半夜想吃，二人也绝对不会选择点外卖，而是专程开车到城里，找一家喜欢的小店解解馋。“因为我们追求食材新鲜的口感，还有现烤现吃的氛围。”

除了会吃，向小荡也经常自己下厨。在她看来，做饭是一件非常治愈的事情。尤其是在压力很大的时候，她常常通过做饭来解压。她十分享受独处的时光，更喜欢看到家人吃到她做的饭菜后露出满足的神情。

而她男友，恰好也是一个既珍惜这份心意也擅长给予回应的人。他告诉我们，有一天他下班回家，看到桌子上摆着刚做好的鲜锅兔，用不锈钢饭盆盛了满满一盆，还冒着尖；一想到女友曾经都不吃兔肉，却愿意为了自己学做这道菜，当时他的心里涌过一阵暖意，像有人摸了摸他的脑袋。在那个瞬间，他想：和小荡结婚好像是件挺不错的事情。

就这样，这对因“吃”越走越近的小情侣，在一锅鲜锅兔的助力下，携手进入婚姻的殿堂。婚后，在经历了不得不闭店的短暂挫折后，两人开始尝试拍起了美食短视频。鲜锅兔这道菜，也经常出现在他们的镜头里，常做常新。

要做好鲜锅兔，首先是挑选食材。

经过多轮实践，向小荡发现，要想做出麻辣鲜香的鲜锅兔，一定得选没有生产过的仔兔，而且要现杀，像超市里卖的冷冻过的兔子是万万不行的。

为此，向爸爸还专门养过一段时间兔子，即便如此，仍挡不住家里个个都是“吃兔高手”，兔子生长的速度，还没大伙吃的速度快呢！

怎么办呢？很简单！谁嘴馋想吃，谁就按标准买一只现杀好的兔子回来，最好还能顺路带回调料，毕竟鲜锅兔很费辣椒和仔姜。

尤其是仔姜，可以说是整道鲜锅兔不可或缺的灵魂。它和我们常吃的老姜不同，仔姜口感脆嫩，水分足，哪怕是不爱吃姜的人，也能无压力地尝上一口。用它炒出来的兔肉，鲜辣爽口无腥味。

至于辣椒，多用红色的小米辣和绿色的二荆条，二色两味交相辉映，共同挑逗味蕾。

向小荡告诉我们："二荆条是我们四川的特产，大家做四川菜都用它，不管是熬制红油，还是制作辣椒面，都很'安逸'。"

把它从众多辣椒中辨认出来也很容易。它的外形比较细长，尾部有一个钩形，看上去很像数字"2"，所以得名二荆条。作为正宗四川菜必不可少的调料之一，二荆条的身影在向小荡的很多美食短视频中都出现过。

二荆条和小米辣、仔姜一起，共同奠定了鲜锅兔鲜辣浓郁、层次感十足的底味，是做这道菜时必不可少的调料组合。

除此之外，向小荡还特别提醒道："要想做好鲜锅兔，必须用柴火、大灶、大铁锅，再借着大火，麻利地过油。只有动作够快，才能使兔肉保持鲜嫩的口感。"

这下我们终于明白，为什么向小荡的视频评论区，总有粉丝夸她"动作麻利""刀工好""看起来很厉害"了，这背后一定少不了一遍又一遍的练习，以及她对美食的那份挚爱。

从完全不吃兔，到让鲜锅兔成为自己的拿手菜，向小荡花在鲜锅兔上的每份心思，没有谁比吃她做的饭菜的人体会得更为深刻了。

比如向小荡的弟弟和姐夫，他俩常在她的视频里出现。他们以前也和向小荡一样坚持不吃兔肉，可没过多久，看着家人吃得起劲，就忍不住尝了一口，从此一发不可收，向鲜锅兔"缴械投降"。向小荡的姐姐还说，现在他们夫妻俩吃一只兔子还不够吃，真的是"吃得太凶了"！

眼见家人们这么赏脸，向小荡渐渐地也就不满足于只做鲜锅兔了，她开始尝试各种做法，什么冷吃兔、仔姜兔、叫花兔、手撕兔、肥肠兔、麻辣兔头……她将每只兔子都安排得明明白白！这也让屏幕那头的粉丝们知道，原来四川人仅是吃兔子，就有这么多的学问和做法！

除了花式做兔菜，向小荡还十分热衷于将"鲜锅 +"这种"川南式"的做法发扬光大。她常常以此为基础，延伸去做无数种菜，如鲜锅牛、鲜锅鸡、鲜锅鸭……用多种食材香料的调和，激发出丰富的肉香，以不变应万变。

很多时候看她做菜，看的已不再是一道菜本身，而是这背后，她认真对待感情、对待家人、对待生活的"热辣鲜活"。

鲜锅兔

食材

1. 精选四川本地粮食养殖兔，兔龄 10 个月左右为最佳
2. 四川本地嫩仔姜
3. 根据自己的喜好，加入莲藕、土豆、豆芽等配菜

配料

油、葱、姜、蒜、豆瓣酱、盐、鸡精、白糖、胡椒粉、料酒、生抽、红薯芡粉、鸡蛋、花椒、小米辣、二荆条、藤椒油

做法

第 1 步

将兔子清洗干净，斩成小块，加盐、鸡精、胡椒粉、料酒、生抽、蛋清拌匀，再加红薯芡粉继续拌匀，最后封生清油隔绝空气。

第 2 步

将配菜清洗切好备用，小米辣、二荆条切小圈，嫩仔姜改刀切成细丝备用。

第 3 步

起锅烧宽油，七成油温下腌制过的兔肉，兔肉炸 20~30 秒变色定型，捞出备用。

第 4 步

再次起锅烧油，油热下花椒，爆香下葱、姜、蒜，再来一勺豆瓣酱，炒出红油后下一半的仔姜丝，再下一半的小米辣和二荆条，炒香加水，水开加盐、鸡精、白糖、胡椒粉调味。

第 5 步

下配菜煮至断生，捞出打底。汤再次煮开下兔肉，煮 3~5 分钟下仔姜、小米辣和二荆条，再倒一圈藤椒油，出锅。

“美食就是这样，哪怕用同样的食材和做法，我也无法做出和爸爸做的一样的味道。”

@ 郭柳玲

快手美食创作者，快手 ID:2304782725，粉丝 409 万

来自广西贵港的郭柳玲被大家称为“羊肉西施”。几年前，由于父亲病重，她不得不担起家庭重担，接手了父亲的羊肉铺，因出众的容貌和利落的砍肉动作而意外走红。如今，乐于探索的她又开始尝试拍乡村美食视频，想让更多人了解家乡特产。

广西 干锅羊肉

美食界的南北之争，从来就没有停止过：甜粽子 vs 咸粽子；甜豆腐花 vs 咸豆腐花；甜月饼 vs 咸月饼；面条 vs 米饭……

其中北方羊和南方羊，也被大家从各方面比较了一番。很多人认为，北方绵羊嫩而不膻，南方山羊膻臊老柴，胜负显而易见。对这种说法，广西马山黑山羊可不答应。爬高山、走悬崖、吃百草、喝山泉，马山黑山羊在食客心中的地位没那么容易动摇。

“两广人吃羊肉只认马山黑山羊！不臊不膻，好吃得很！”在广西南宁一个农贸市场的羊肉铺里，郭柳玲一边砍着羊肉一边热情地向顾客介绍着。

柳玲家的肉铺是这个市场里生意最好的档口，不管谁来买肉，她都会跟人聊几句。大家都说：“她一边说着最温柔的话，一边挥着最狠的刀。”在这里，大家都称她是“羊肉西施”。

一个“90后”女孩子，长得又这么漂亮，怎么甘心一直泡在市场里剁肉？很多人都对她很好奇。

她说这个肉铺是她爸爸多年经营的心血。如今爸爸病重，作为长女，她理应接过家庭的重担。

为了负担爸爸高额的治疗费用，同时完成爸爸的心愿，几年前，刚考取了舞蹈教师资格证的柳玲不得不离开那间她深爱的舞蹈教室，来到羊肉铺前，接过了那把几斤重的砍骨刀。

虽然这是“无奈之举”，做起新行当的她却充满激情和干劲。她说，她想让更多人知道广西羊肉的美味，并品尝到她烹饪的美味。

很多人不知道广西还盛产羊。

这里的羊叫马山黑山羊。北方的绵羊体型大，全身毛白且卷；而马山黑山羊体型就小许多，全身毛黑且直，爬起山来相当矫健。广西山区是典型的喀斯特地貌，群山遍布，乱石丛生。“不爬山的羊不是好山羊”，马山黑山羊的名气之所以大，大体是因为地理环境赋予了这个品种优良的特性。

除了爱爬山，马山黑山羊往往只在山中觅食。低矮的生态灌木、清甜无污染的山泉水，都是马山黑山羊的日常饮食。这也是马山黑山羊的肉不膻不臊的原因。

北方人吃羊都吃小嫩羊，可黑山羊却是越老越香。

说起黑山羊美食，柳玲简直如数家珍。“马山黑山羊全身都是宝哩，一只羊搞定一桌宴席完全不在话下！”她一边熟练地砍肉、烹煮，一边热情地介绍父亲做过的全羊宴上的各种菜式：撒点椒盐就能吃的炸羊皮、口感浓郁的羊杂汤、一口爆汁的羊肉饺子、Q 弹爽口的羊肉丸子、肥瘦相间的羊肉香肠、干锅羊肉、爆炒羊肉、韭菜羊血……

柳玲说，黑山羊全羊宴是比较豪横的吃法，讲究的是“肉尽其用”“食全食美”，寓意十全十美，是隆重节日、接待贵客的美食首选。但在大多数时候，人们更喜欢去市场称上三两斤羊肉，回家按照自己喜欢的口味和方式烹饪，丰俭由人。

我们见过羊肉铺卖肉的，却很少见档口还帮顾客炖肉的。

柳玲的羊肉铺，可是很特别。这小小的羊肉档口，前面是砍肉台，柳玲身后的一边摆满了各种香料，另一边是三口正噗噗冒着气的高压锅和一口炒锅。

有人想吃但不懂怎么煮，柳玲就会帮他把羊肉煮熟，清炖或者干锅；还有人就是喜欢她家独创的干锅羊肉，专门找她来做。

这道干锅羊肉本是柳玲爸爸的拿手好菜，卖了几十年，伴随着羊肉铺从最初的小档口，到如今拥有了市场招牌，俘获了许多顾客的心。柳玲也喜欢这道菜，每年冬至煮上满满一锅，暖身暖心。

每天清晨，店铺还没开张，柳玲就会用小袋子装好一袋袋香料，这是赠送给没有加工羊肉要求的顾客的，柳玲还仔细地将调料按照炖和干锅的烹调方法区分开来。

柳玲说，做干锅羊肉最关键的就是香料，不同的香料激发的是不同部位羊肉的香气。而柳玲家的这一小包调料里放了二十多种不同的香料。

“这都是我爸爸研制出来的配方，只要顾客来买羊肉，我们就可以送一包！”柳玲一边麻利地打包调料一边说。

而顾客最爱的干锅羊肉，还离不开父亲秘制的那一味调料。

“这可是我爸的独门秘方！”柳玲自豪地介绍。在这个独门秘方里，有三种关键的配料成分，就是桂林腐乳、山黄皮和花生酱。腐乳增味，山黄皮去膻留香，花生酱则使口感更为别致。

每天开摊前，柳玲就会把焖羊肉要用的独家酱料准备好，给顾客加工的时候，就盛一两勺酱料加入焯水翻炒过的羊肉中，一起上高压锅压煮。压煮十来分钟，再回锅收汁，羊肉与香料融合的香气就慢慢化开来。

当然，羊肉的制作过程也十分讲究。羊肉焯水后不要过冷水，这会让羊肉收缩变得干柴；腐乳要和香料一起炒香，才能发挥它特有的调味作用；

配菜要最后添加，以免破坏羊肉本来的味道；收汁时要有耐心，慢火收汁羊肉才更软烂入味……

而清水锅羊肉的做法就简单很多，用葱、姜、蒜去腥即可。柳玲也曾在视频中给网友们介绍干锅羊肉的做法，但每一次她都强调："配料和步骤都一样，但并不能保证味道都一样。我跟爸爸学了几年，也依然做不出爸爸做的味道……"

柳玲说，配方和步骤都是表面的，十几年如一日的用心才是美食的内核。

柳玲的父亲曾经是酒店的大厨，为了让顾客尝到美味的羊肉，父亲付出了不少心血，暗自下了功夫练习，才在对菜品的不断改良中，让这锅羊肉有了专属味道。

看到病中的父亲再也拿不起那把心爱的砍骨刀，再也尝不出自己秘制的调料味，她暗自下定决心延续父亲的初心，卖市场上最好的羊肉，做出人们最爱吃的干锅羊肉。

如今，这个档口最吸引人的风采成了这个年轻、孝顺且厨艺颇好的女孩，她也真的沿着父亲走过的路找到了属于自己的光亮。

干锅酱做法

第 1 步

锅中倒入油，将油烧到 230~260 摄氏度，依次放入老姜片、大葱段、洋葱块，保证高油温。

第 2 步

把火关掉，分次分量地放入蒜米、姜米，将其搅散，炸到微黄浮起。

第 3 步

让油温升到 108 摄氏度左右，油变黄亮时关火。放入秘制料汁熬酱料，受热升温控制到 103~108 摄氏度，要避免粘锅煳底。熬 20 分钟左右后关火，放入干锅大料，再加点十三香粉，再用锅铲推动稍微搅匀。继续熬制 25 分钟左右，升温，将酱料搅散开，促进水分蒸发。

第 4 步

用余温使水分蒸发，料汁出锅后，放凉发酵一晚就能使用。

干锅羊肉

食材

1. 阉割的马山黑山羊羊肉
2. 白萝卜

配料

调料：葱、姜、料酒、蒜米、干辣椒、盐、啤酒、芹菜、蒜苗、干锅大料、秘制料汁、花生酱

干锅大料：桂皮、八角干、干虾仁、香叶、山奈、香茅、白蔻、小茴香、香果、草果、肉蔻、丁香、香菜籽、千里香、良姜、白芷、筚拔、罗汉果、陈皮、甘草、花椒、麻椒、干沙姜、十三香粉、山黄皮（其中花椒和麻椒需要加入白酒，用碗装好备用）

秘制料汁：豆瓣酱、黄豆酱、香干葱、老抽、生抽、蚝油、米酒、桂林腐乳

干锅羊肉做法

第 1 步

切羊肉。羊肉切块，装盘备用。

第 2 步

羊肉焯水。羊肉冷水下锅，加入姜、葱、料酒焯水 2 分钟，撇出浮沫，羊肉捞出洗净备用。

第 3 步

炒香料。起锅烧油，放入干锅大料、姜、蒜、酱油、花生酱、黄豆酱、桂林腐乳，小火煸炒出香味。

第 4 步

炖煮。在高压锅中加入没过羊肉的水和炒好的香料，开火压煮 5 分钟（根据羊肉的软嫩程度，适当增加或缩短时长），关火备用。

第 5 步

起锅调味。加入炖好的羊肉，倒入提前调好的干锅酱，翻炒出香味，翻炒几分钟，倒入半瓶啤酒，放入白萝卜增加风味，加些许食盐增加底味，翻炒均匀，盖上锅盖焖几分钟，把啤酒焖干后，翻拌均匀，最后放一些芹菜、蒜苗，关火，装盘出锅。

“天上日头，地上牛肉，做成馍馍，吃出奔头儿。”

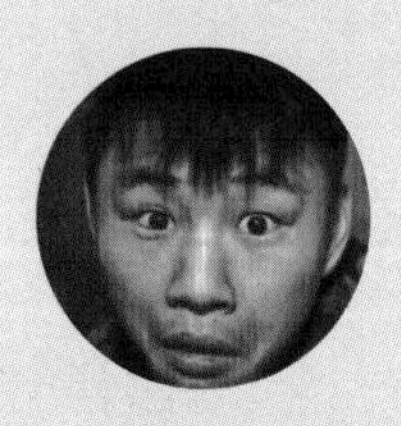

@ 条件有限

快手美食创作者，快手 ID:2084029653，粉丝 284 万

限哥来自安徽亳州，因厌倦了在工厂里日复一日地打工，限哥和发小、姐夫三人组队在家里的空地上拍起美食短视频，因视频中“条件实在有限”的真实吸引了众多粉丝，如今也靠拍视频过上了自由而安稳的日子。

亳州 牛肉馍

在西安，我们吃肉夹馍时会说：“老板，来一个肉夹馍。”但是在安徽亳州，同样是馍，你可千万别说要“一个牛肉馍”。

因为一个正宗的亳州牛肉馍，仅直径就有 35~40 厘米，比 12 寸的比萨还要大！要是馍薄我们也还能勉强挑战一下，偏偏个个有 3~5 厘米厚，皮薄馅多，买一整个回家，一桌人也未必吃得了。

而且买一整个牛肉馍还容易得罪人！谁让牛肉馍仅在锅上煎，就差不多得 40 分钟呢！亳州有很多有年头的早餐店。一大早排队买馍的人，也都等得很焦急。早餐店的师傅们也是一个人看多个锅。一锅牛肉馍出炉，伴随着“咔嚓、咔嚓、咔嚓”几声，师傅把馍切开，望眼欲穿的人群才能稍微往前挪上几步。

人群中，就可能有特地来排队偷师的限哥。“限哥”是快手上的粉丝给他取的昵称，来源就是他极具特色的昵称——条件有限。

之所以取这个名字，是因为刚开始做美食短视频时限哥真的“条件有限”。限哥来自一个单亲家庭，他十三四岁时就开始了自力更生的生活：天南地北跑生活，西至新疆，东到苏州；放过羊，也捡过破烂，进过工厂、干过后厨，晃成一个大小伙，回头看却一事无成。

要强的限哥非常在意村里人对他的评价，他知道乡亲们都觉得自己就是个没有依靠、没有奔头的“街溜子”，因此心里总憋着一股劲：自己的脑袋瓜里总能蹦出些好玩的点子，动手能力也强，总有一天能干成点事。

有一天，限哥的姐夫喊他回家一起拍短视频，限哥心想：嘿，没准这就是机会。于是又拉上了自己的发小——胖，二人和姐夫一起组成一个小团队，尝试着用镜头把做美食和吃美食的真实过程给记录下来。

他们一开始也经历了漫长的冷启动期：精心编排的农村搞笑视频，却没有几个赞，仅有的几个赞还是自己家人点的。胖开始泄气，想要重新回厂里去，起码每月有三四千元工资，还能维持日常开支。限哥却劝住了他，因为不想就这么轻易放弃。

无数次摸索、尝试后，他们越来越懂粉丝，发现粉丝们喜欢的是“足够真实”和“脑洞够大、肯折腾”。

“我们没有表演，没有脚本，没有提前构思。今天想吃牛尾了，就买过来做，直接拍摄下来。大家就喜欢看真实的。”

比如有一期短视频拍的是他们做蛋黄派，需要用到五香粉，可厨房没有这味调料，限哥就用了十三香；没有打蛋器，他就捏着一双筷子拼命地打呀打。

再比如这次做牛肉馍，别人是排队买馍，限哥是排队偷师——悄悄跟那些做馍的老师傅学艺，然后回来做个迷你版牛肉馍，加入自己的家庭版美食短视频系列。

在亳州，牛肉馍是当地人多年不变的早餐首选，也是最具特色的地方美食。据说当年乾隆爷吃了，也留下“汉三杰闻香下马，牛肉馍十里飘香”的盛赞。

限哥记得，他从小最期盼的就是每个月赶集，跟着爷爷奶奶去买上一份刚出锅的牛肉馍。咬上一口，外面的酥皮混合着内馅的粉丝和牛肉，松软细腻又有嚼劲，吃完一份到中午也不会觉得饿，顶饱！

现在能够支配的钱变多了，吃起牛肉馍来，花样也就更多了。

比如找老板多买一张千张，也叫豆腐皮，用它裹着牛肉馍撒出来的馅料，吃起来有嚼劲不说，还满口豆香；再配上当地的咸麻糊或油茶吃，一口满足；又或者粗犷豪放些，用蒜瓣配牛肉馍，既解腻，又别有一番风味。

假如时间充足，限哥也会备上一碟牛肉馍，一小杯酒，约三两个好友，在说说笑笑间，既暖了身也提了神。

限哥本以为这些年自己吃了这么多个牛肉馍，又专程去偷师，复刻一个迷你版的牛肉馍应该没有什么问题，结果每一个步骤操作起来都不易。

最开始要制作牛肉馍外面的那层面皮。

在尝试的过程中，和出的面不是过干就是过湿。好不容易拿捏好那个度，面皮在包馅的过程中又裂开来，怎么办呢？

有人提议，要不往里加点芝麻油？听说这样做出来的面团会更加柔软。限哥听后试了试，发现效果不错。

但新的问题接踵而至。有时，面皮没能完全包住馅；有时，翻馍的时候一不小心就会烫到手；有时，因为拿捏不好火候和翻馍的时机，会把馍给烙煳；还有时，满怀期待的迷你版牛肉馍，一放进锅里，就变成了油炸牛肉盒子。

一连串的失败让限哥开始反思：是不是将牛肉馍做小的想法压根儿就行不通？毕竟自从他有记忆，就没见谁家做过或卖过迷你版牛肉馍。但是限哥不服输，决定再试一次！

亳州的牛肉馍讲究“四皮三馅”。顾名思义，面皮得有四层，其中上下两层是焦皮，中间是软皮，皮和皮之间包着满满的馅，四层皮有三层馅。而馅里最重要的两样食材是黄牛肉和红薯粉丝。

亳州地区自然条件优越，既是黄牛的主产区，又是中原粮仓，在原材料的采购上十分便利。

限哥取纯瘦的黄牛肉，加上他手工自制的红薯粉丝。在将它们剁成馅料时，他也会特别注意，避免将其完全剁成泥，因为在馅料中留有一点点空隙，会让最后做出来的牛肉馍内里有“空气感”。

做馅料，除了要加葱和姜，限哥还会加一点洋葱末调味。洋葱不但可以提升馅料的鲜甜味道，还能去除牛肉中特有的血腥味。搅拌馅料时，如果发现有出水的现象，可以打入一个鸡蛋。蛋白凝结，可以让散落的肉和洋葱更好地粘在一起，同时让牛肉的口感变得更滑嫩。

不过限哥也没有白偷师，他发现亳州有的早餐店还会往馅料里放一些中药材，比如川贝、陈皮、党参等，限哥在复刻牛肉馍时，变通地往馅料里多加了点茴香、八角提香，然后把馅料放进冰箱冷藏 30 分钟，这样肉和配料更容易定型，馍也不容易塌陷。

为了取得成功，限哥还反复观看了《早餐中国》里介绍亳州牛肉馍的那一期，模仿视频里的师傅将面皮摊成前面薄、后面厚的一长条，用勺子将馅料一点点地铺满、压实，再将面皮卷起来，两端封口，接着从两端向中间挤压，将它压成一个不露馅的大圆饼。

限哥吸取了之前的教训，特意借了一个早餐店用的大铁盘，学着师傅的样子一边观察火候，一边给馍翻面。翻了四五次，看到馍的上下两面全都烤至金黄，就可以操起两把大刀，将牛肉馍“架”到案板上，沿着圆心切开了。切面时馅料微微溢出来，口水也溢出来了。

一定得趁热吃！这时候牛肉馍的外皮是最酥脆的，内里的馅料也咸香弹嫩。

感受着热腾腾的锅气，限哥还趁机教了我们一句当地的谚语：“天上日头，地上牛肉，做成馍馍，吃出奔头儿。”

现在的日子对限哥来说也更有奔头儿了。一方面，他在平台上得到了很多粉丝的认可和支持；另一方面，他也靠短视频得到了不错的收入，比当年远走他乡进厂打工赚的要多得多，也更自在。

“我们现在对每一天都充满着美好的期待，也想着要把美食自媒体做下去。”聊起未来规划，限哥捧着馍，笑得憨厚。

这也许就是亳州人在借着牛肉馍表达对生活的期许，享受当下的光阴，吃出好彩头，也吃出好奔头儿。

牛肉馍

食材

1. 面粉 500 克
2. 牛后腿肉 500 克
3. 牛油（牛肥肉也可以）250 克
4. 鸡蛋 2 个
5. 洋葱
6. 红薯粉条

配料

油、盐、葱、生姜、料酒、酱油、蚝油、老抽、八角、茴香、五香粉

做法

第 1 步

和面。在碗中放入 500 克普通面粉，加入 3 克盐，搅拌一下，然后用 280 克的温水和面，用筷子将面搅拌成棉絮状后，再下手将面揉成光滑的面团，揉面时要顺着一个方向对折揉匀。面团揉好后分成两个面剂，整理一下放到大碗中，加入多一点儿的食用油，让面剂子都沾上油，用油浸泡醒面 1 小时左右。

第 2 步

备肉馅。将 500 克牛后腿肉、250 克牛油或牛肥肉切成小块，用绞肉机绞成肉馅。做牛肉馍一定要放一些牛油或牛肥肉调馅才香。然后再切一点儿姜末和洋葱末，将提前泡发的红薯粉条切成小段备用。

第 3 步

调馅。把牛肉馅放入大碗中，打入 2 个鸡蛋，加入料酒、酱油、蚝油、老抽、盐、五香粉、茴香、八角、姜末，按照一个方向将它们搅拌均匀；再加入切好的洋葱末继续搅拌均匀，放入适量的大豆油搅拌，锁住水分；最后放入切好的红薯粉条，再次搅拌均匀。

第 4 步

填馅。面团醒发后，放到案板上，用手按压成一个一头宽一头窄的大面饼，然后加入调好的肉馅，用铲子按压平整，从窄的一头卷起来，全部卷好后把两头捏严实。

第 5 步

做饼坯。卷好之后立起来，用手将它按压成圆饼就可以了，牛肉馍的生坯就做好了。

第 6 步

烙饼。将大平底锅提前预热，多放一点儿油，饼坯直接上锅，盖上盖子焖 2 分钟，时间到翻面，这个饼比较大，烙的时候勤翻几次面，烙 15 分钟左右，烙至两面金黄酥脆，出锅、切块。

“我很想为家乡做点什么，想把家乡的美食分享出去，让更多游子也能尝到家乡的味道。”

@ 乡村美食炊二锅

快手美食创作者，快手 ID:471131551，粉丝 109 万

炊二锅来自四川江门镇，是快手上最早的一批美食短视频创作者之一。传承家乡美食的执念让他放弃了稳定的厨师工作，2016 年开始，他尝试边上班边拍点段子，之后干脆回家创业拍起了美食短视频，他想通过美食，带给粉丝一个更真实的乡村生活。如今他又有了新的心愿：把家乡的非遗美食传承下去。

泸州

荤豆花

你印象中的川菜是什么样的？相信大部分人会说“辣”。“川菜不辣？那还叫川菜吗？”人们对川菜的误解实在是太深了！

事实上，有七成的川菜根本就不辣！所谓“麻辣”，不过是川菜众多味型中的一种。川菜的正确打开方式是“一菜一格，百菜百味”。

川菜之魂也不是什么辣椒、豆瓣，而是创造力。

像那道听起来简单至极的开水白菜，就被川菜名厨用上乘的制汤功夫，变成了国宴菜肴。

已经拥有2000多年历史的豆花，已然被四川人玩出了花样。什么豆花饭、豆花面、豆花火锅、豆花烤鱼、豆花肥肠……似乎就没有豆花搭配不了的。

不过，最让炊二锅念念不忘的还是家乡那道不辣也好吃的荤豆花。

说到炊二锅的家乡江门，在地图上能查到的其实有两个。很多不知情的人，常因荤豆花看起来用的是清汤，错以为它来自广东省江门市。事实上，荤豆花是地地道道的川菜，它出自泸州市叙永县江门镇。江门镇是川滇公路和永宁河的必经之地。

每天都会有很多南来北往的游客特意跑到江门，就为了吃一碗热气腾腾的荤豆花。

而炊二锅的家距离321国道不过几十米。他不拍视频时，总喜欢站在自己打造的“楼顶花园”往下看。只要看到脸生的撑着腰挺着肚子往村口外走的人，不用说就知道，那一定是吃荤豆花吃“安逸”了！

还有的游客喜欢站在豆花街的街口，和那个房子大小的“川南第一磨”合影。

每每看到这一幕，炊二锅就不禁回想起自己小时候，那时几乎90%的乡亲家里都有石磨。如果哪家要做豆花接待贵宾，天不亮就得起来开始泡黄豆。

泡到那些空壳的、干瘪的、坏掉的豆子全都浮到水面上时，炊二锅和其他的小孩，就会去打下手。他们搬个小板凳，坐在盆子旁，帮大人将这些不合格的豆子全都挑出来扔掉，只留下盆底那些喝足了山泉水的优质黄豆，和水一起，被一批批地送进石磨的进料口，在“吱嘎吱嘎”的推磨声中，变成浓白的豆浆，缓缓流入事先准备好的容器中。

炊二锅小时候家里条件不好，并不常吃豆花，带肉的荤豆花更是少见。

他还记得，第一次吃荤豆花是在一个饥肠辘辘的夜晚。那天外出回家后已经非常晚了，爸妈都很疲惫，不想生火做饭，爸爸就骑着摩托车，载着他和妈妈，去山脚的一家饭馆。

那时候，他七八岁大，那是他人生中第一次下馆子。刚开始他还有些不自在，不是看看这儿，就是看看那儿，直到一大盆荤豆花被端上桌，他的眼睛再也看不见别的什么了，直勾勾地盯着盆里的豆花和肉片。

他刚想上来就吃，看到爸爸夹起一块豆花，放进蘸水里滚了一圈。他也依葫芦画瓢，成功学到荤豆花的正宗吃法。一口下去，浓郁的汤汁和精心调配的蘸水交织在一起，让原本寡淡的豆花产生了说不出的美味。

肉片也是嫩滑入味，鲜香至极，原本只有过年才有机会开荤的炊二锅一家吃得根本停不下来，两三碗饭下肚，就连盆底的汤汁都被他们消灭得干干净净。

第一次的经历总是令人难以忘怀。炊二锅十几岁外出打工，每次回老家，还是会跑到同一家饭馆点上一份荤豆花。作为一个厨师，他日常并不缺美食，但不管吃到多少佳肴，他也总是隔三岔五地就想起这一口来。即使腿脚走遍天涯，心连着胃却始终留在老家。荤豆花，就是记忆里家的味道。

后来，在外做了好几年厨师的炊二锅想回家做美食短视频，家人很不理解，他就默默地在快手上分享自己的美食短视频，收获了上百万的粉丝。渐渐地，他可以靠短视频带货的收入来保障日常开支，他开始带着家人朋友一起尝试复刻地道的家乡美食。

这道荤豆花，在炊二锅的视频里有相当高的出镜率。炊二锅说，蘸水是荤豆花的灵魂。

蘸水可以按照自己的口味随意调配，炊二锅最喜欢也最常吃的是把干辣椒炒干到微微有点糊，再将它捣碎，用热菜籽油淋一遍，激发出辣椒的香味。加点盐、鸡精，再加上一两滴木姜子打碎后产生的木姜油，就完美了。非川渝地区的人不熟悉木姜子，因为它长在山林里，果期较短，只有那些距离山林较近的地区的人才能享受到它的美味。炊二锅所在的泸州就盛产木姜子。

做好蘸水后，炊二锅会熬上一锅高汤。他做高汤选用的一般是老母鸡和猪骨，先将其敲碎，然后熬煮一到两小时，看到汤色变白，就可以留锅待用了。

然后准备猪油。虽然外面也卖成品的猪油，但炊二锅更喜欢自己熬制。往炖煮过的猪板油里加入一点香料和黄豆，熬出来的猪油会更白、更香，还不容易变质。舀一勺放进锅里，肉香扑鼻，让人顿时食指大动。

做完这些极需耐心的准备工作，炊二锅就会开始准备其他关键食材了。

对于肉，炊二锅说，最好是用全瘦的后腿肉，将它切成大大的薄片，再用盐、料酒、红薯淀粉好好腌制一下，这样吃起来会比较嫩。

还有豆花，一定要足够“鲜”！镇上有专门卖豆花的店，家里要做荤豆花，就需要在下午四点前去店里买豆花，去晚了就没有了，可见人气之旺。

这一碗荤豆花的精华，在炊二锅看来，除了那一碟碟蘸水，还有当地的山泉水，二者缺一不可。

我们把当地的豆子拿到别的地方，比如广东，即使后面的做法完全一样，最后做出来的荤豆花也没有我们在当地做出来的好吃。

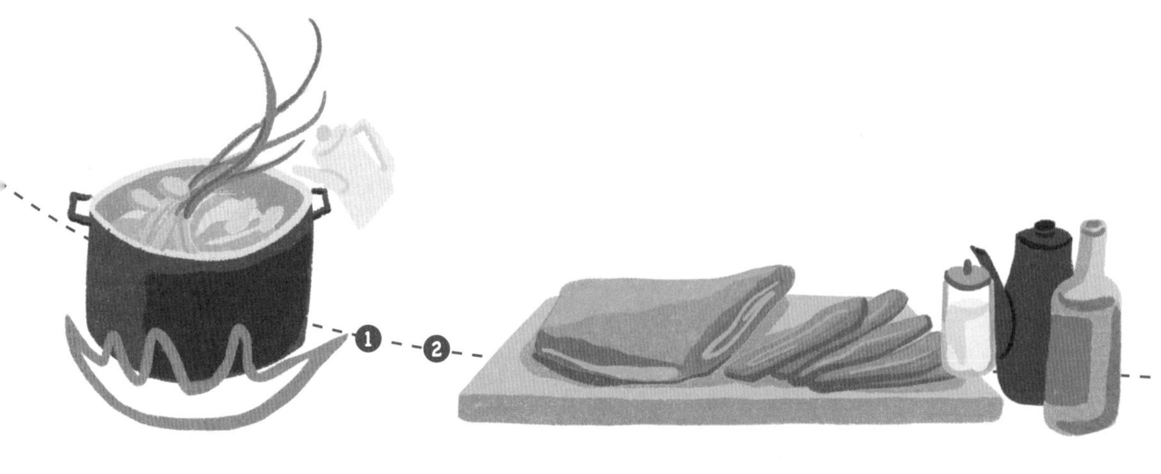

这大概就是大自然给予江门镇人独一无二的馈赠——用独有的山泉水做一碗属于江门镇的荤豆花。

炊二锅说，江门镇上的很多村民都和他一样，曾专程跑到村旁大山的山顶上寻找水源，然后就近挖一个坑，让石缝中流出来的水汇聚到坑里，再用人工布置的水管一滴滴地引进自家的水缸里。

蘸水、高汤、肉、豆花都准备好后，要准备的就剩下一些配菜了。炊二锅一般都会选择新鲜的当季蔬菜，番茄、平菇都是常用菜。

“如果碰到二三月，竹林里的苦竹笋冒头了，用它作荤豆花的配菜会更加美味鲜甜。”

起初我们不理解：本身味苦的竹笋，怎么放进豆花里吃起来会带些微甜？后来想起《舌尖上的中国》里说，在中国人的味觉里，苦一直是另一种甜，有苦，才会有回甘。

这样看来，炊二锅做的荤豆花，不只是当地自然食材的完美融合，竟也多了几分人生哲学。

和重庆等地不断做加法的荤豆花相比，江门荤豆花始终保持着用最精简的食材的制作习惯和最原始的做法：猪油炒酸菜，放入所有食材，煮至八成熟，再放上肉片，烫熟，简简单单，每一个环节却都独具特色。

江门荤豆花虽然很少出现在各大美食榜单中，却经川滇公路上来往旅人的口口相传，成为沿途最暖心的慰藉。

每每说到这里，炊二锅总是备感自豪。他希望凭借自己在美食领域积攒的影响力，让更多的人慕名到江门品尝这碗荤豆花，或像他一样，去坚守、去宣传，为家乡做点儿实实在在的事。

荤豆花

食材

1. 猪骨
2. 老母鸡
3. 后腿瘦肉（切薄片）
4. 平菇（撕小块）
5. 番茄（切片）
6. 老坛酸菜（切片）
7. 石磨豆花

配料

猪油、老姜片、葱花、大葱段、鸡蛋清、菜籽油、胡椒、盐、味精、鸡精、木姜油、干辣椒面、料酒、红薯淀粉

做法

第 1 步

熬高汤。在水中加料酒、葱、姜，煮沸后将大骨和老母鸡放入，大火烧开，煮出血沫，捞出食材清洗干净，放入不锈钢容器里，加清水、老姜熬煮 3~4 小时。

第 2 步

腌制肉片。将全瘦的后腿肉切成大大的薄片，加入盐、料酒、红薯淀粉、鸡蛋清，搅拌均匀，腌制 10 分钟。

第 3 步

自制辣椒油蘸水。把干辣椒炒干到微糊，再将它捣碎，用热菜籽油淋一遍，激发出辣椒的香味。加点儿盐、鸡精，再加上一两滴木姜油，一点儿葱花，搅拌均匀即可。

第 4 步

烹制荤豆花。将锅烧热，倒入猪油加姜片炒香，下入切好的酸菜，等酸菜炒出泡，加入提前熬好的高汤，加入盐、味精、鸡精、胡椒调味，待汤烧沸腾后依次加入平菇、番茄片、豆花，把所有食材煮至八成熟，下腌制好的肉烫熟，点缀葱花即可出锅。

“山村生活对我来说就是一种令人向往的生活，在山村里我非常安心，节奏慢却自由自在。我对这片土地有情怀，有责任。”

@ 山村小杰

快手美食创作者，快手 ID:3222547，粉丝 763 万

来自福建宁德的小杰因为擅长手工，经常就地取材亲手制作生活用具，被网友们称为“山村鲁班大师”。如今，他还尝试将竹子做成炊具、制冰机，开始进行将美食和手工艺结合的创新探索。

福建

竹沥鸡

在许多人通过学习、工作涌向繁华大都市的同时，也有一些人“反其道而行之”。他们返回家乡，在悠闲自在的乡野田间，靠传统手工艺自给自足，通过短视频将这份田园生活的悠然同大家分享。

小杰就是这样一位年轻的手工匠人。他居住在福建宁德的山村里，劳作在竹林菜畦、青瓦小院之间。推开他家的门，满是各式各样的手工制品：奶奶的轮椅、舒适的躺椅、泡茶的茶具、万能的烤箱……只有我们想不到的，没有他这双巧手做不出的。

这些手工制品并不是华而不实的摆设，而是实实在在可用的生活用品：大到衣柜、木门、烘干机，小到梳子、口红管、手机支架，小杰都可以就地取材，精心打制。

他说自己并不擅长表达，只能借这些用木头、竹子、果子制作出来的东西表达对家人的爱。看着自己做的家具家人用着舒服，妹妹也央求他用更多草莓制胭红，他就觉得高兴，觉得生活也有了意义，满园的果树、竹林也充满了生机和情感。

除了擅长砍竹子、做各种竹艺制品，小杰还尝试用各种天然器具做美食，在户外林间鼓捣鱼面、年糕、猪油炒饭。没想到粉丝却对这手工艺和美食的混搭充满兴趣，希望小杰能创新尝试更多菜式。

这可难住小杰了，毕竟家里掌勺的一直是妈妈。虽然自己七八岁就开始跟着做饭，但做的不过是一些家常菜。

这时，他想到竹子一身都是宝，除了做成竹编手工艺品，是不是也能入菜？小时候，不管兄弟姊妹谁咳嗽，妈妈都会去山上砍一根竹子，烧出竹沥水让他喝。竹沥水，就是竹子中沥出来的水，是用火灼烧竹子中部时竹子两端流出的澄清液体。在宁德的乡下，用竹沥水治咳嗽也是一辈辈流传下来的土方。喝下一大碗，不消几天，咳嗽就能好一大半，唇齿间还残留着竹子淡淡的清香。

既然竹沥水可以直接喝，拿来炖鸡应该也别有一番风味吧？而且感冒时能喝上一大碗热气腾腾的鸡汤再舒坦不过了。跟父母确认之后，小杰再也等不及，拿着刀就往山上竹林去了，他要找到最合适的那一根竹子。

后山的竹林很大，旧竹新笋一茬又一茬。小杰说，竹子越砍长得越好，一直不砍，竹子反而会因为长得过于茂密，竹根封住了地表，很难长出新笋。不过，不是随便一根竹子都能砍下来做竹沥水的。挑选合适的竹子，也是一门小小的学问。

竹沥水其实就是竹子里的水分，太老的竹子水分太少，新长的竹子太嫩，竹子的清香气儿就淡很多，只有生长了一两年的嫩竹是最合适的。小杰太熟悉这片竹林了，看竹子的年龄对他来说也是小菜一碟。

小杰细致地解释道："砍竹子之前，我们一般会先看竹节上的颜色。今年刚长成的竹子竹节上会有一层白色的蜡质粉末，刮掉粉末后竹子的颜色是油绿色的。而长了两年的竹子，白色粉末会慢慢消失，只在竹节的位置留下一圈，竹子的颜色也会变成青绿色，这时候的竹子用来做竹沥鸡是最合适的。平时用来做手工的竹子，就要选黄绿色的老竹子，生长了三年以上的竹子韧性更好，怎么加工都没问题。"除此之外，小杰的父亲也叮嘱他，竹子还要选干净的，竹竿不够光滑的不能要，竹节上有虫眼的也不能要。

把一根合适的嫩竹砍回家后，小杰干脆利落地把竹子锯成了一段一段的，然后再对半劈开。绿色的外衣裹着白玉般的竹心，一劈开就能闻到竹子的清香。

取竹沥水是这道新菜式中最关键的步骤。把对半劈开的竹子微微倾斜着架在搭好的火灶之上，再在另一端摆上掏空竹眼的竹节，用来接住滴落的竹沥水。用具全都细致搭建摆放好之后，就可以点火烧竹子了。

小杰说，用果木柴火烧竹子是最好的，这样能够充分激发竹子的清香。不一会儿，几片竹叶就被烧得黝黑，竹沥开始从各层竹纤维中嗞嗞地冒出来，一滴一滴落在竹节里。

竹子选得好，水分和香气也足够，半根竹子烧出来的竹沥水就已装了满满一碗。在烧竹子的过程中，麻利的小杰早就把家里的走地鸡收拾好了，就等下锅。

刚烧出来的竹沥水杂质比较多，入锅之前还需要用纱布多过滤几次，过滤好之后再和处理干净的鸡一起放进土锅里。

天然的食材无须加太多调料，本身的味道就足够新鲜浓郁。可经验丰富的妈妈还是提醒小杰：竹沥水是寒性的，必须要加温补的姜片和红枣一起慢炖，出锅前再撒上些许枸杞。

小火慢炖，竹沥水在大火煮开的瞬间，清香就漫溢开来。炖得越久，味道就越浓郁，让人忍不住吞咽口水，守在一旁就盼着这一锅竹沥鸡出锅。

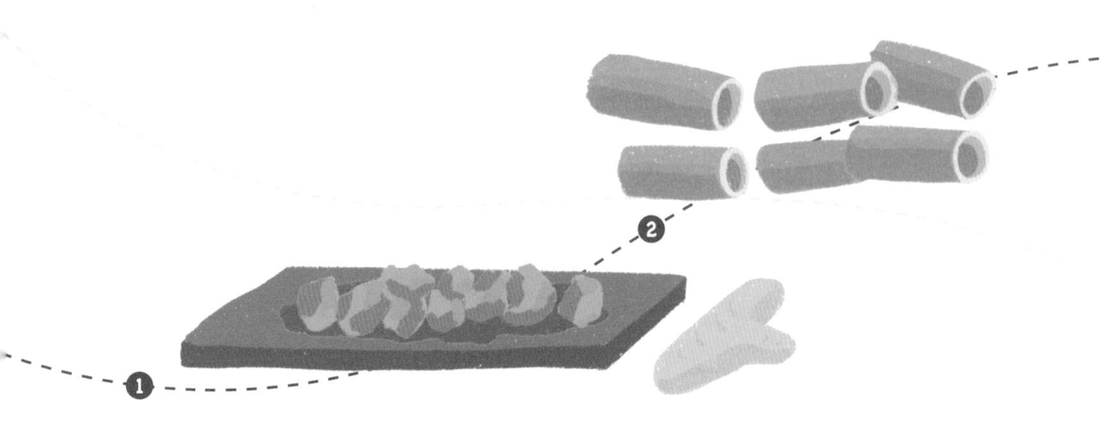

经过一个多小时的炖煮，让人口水直流的竹沥鸡终于出锅了！小杰迫不及待地让妈妈尝一尝这一碗自己亲手炖的鸡汤。妈妈接过小杰端来的鸡汤，半信半疑地嘬了几口，眉头舒展："还挺清甜。"这算是对儿子跨界尝新的肯定了。

几年前，小杰辞掉城里的工作回到从小长大的山村里时，妈妈还同他闹别扭，大半年没和他说几句话，妈妈埋怨道："别人都往城里跑，你倒好，做了城里人，却掉头往农村跑。"但小杰就是喜欢在乡间做手工。他也冒出很多新奇独特、脑洞大开的创意。渐渐地，他在短视频平台积累了百万粉丝，妈妈发现原来城里人也看小杰的作品，还对儿子的巧手赞不绝口，也就慢慢解开了心结，放下了让小杰成为城里人的执念，偶尔也帮儿子策划策划选题，打个下手。

对小杰来说，哪怕只是为了做一道竹沥鸡而动手搭个简易的土灶，为了做蛋糕而改造个烤箱，这种靠双手从零到一的创造带来的幸福感也是满满当当的。他留在山村里，除了出于对手工的热爱，更是为了留在父母身边，陪伴日渐年迈的父母，用自己擅长的手艺帮助乡邻，回归一种传统而纯粹的生活。

竹沥鸡

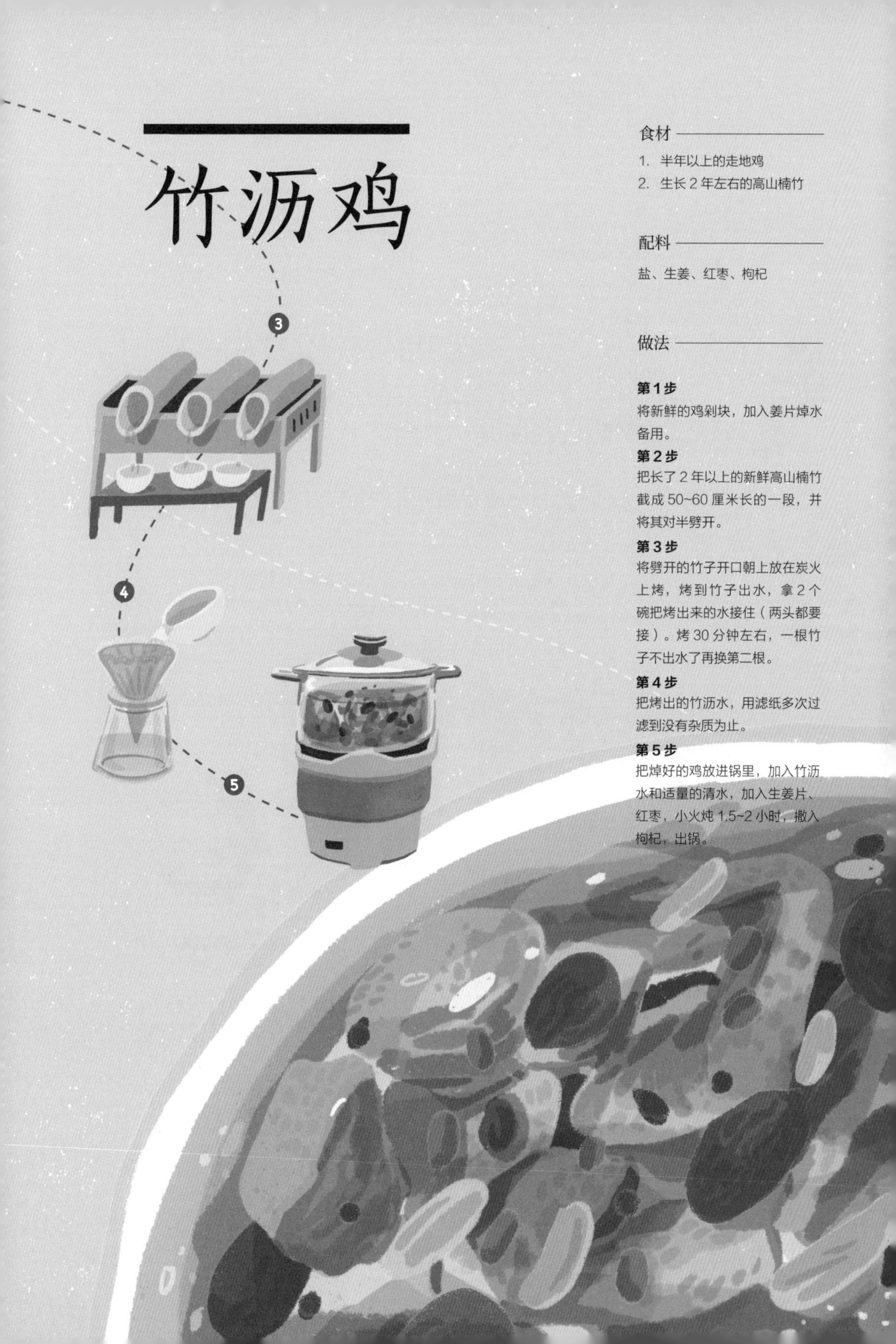

食材

1. 半年以上的走地鸡
2. 生长 2 年左右的高山楠竹

配料

盐、生姜、红枣、枸杞

做法

第 1 步
将新鲜的鸡剁块，加入姜片焯水备用。

第 2 步
把长了 2 年以上的新鲜高山楠竹截成 50~60 厘米长的一段，并将其对半劈开。

第 3 步
将劈开的竹子开口朝上放在炭火上烤，烤到竹子出水，拿 2 个碗把烤出来的水接住（两头都要接）。烤 30 分钟左右，一根竹子不出水了再换第二根。

第 4 步
把烤出的竹沥水，用滤纸多次过滤到没有杂质为止。

第 5 步
把焯好的鸡放进锅里，加入竹沥水和适量的清水，加入生姜片、红枣，小火炖 1.5~2 小时，撒入枸杞，出锅。

“我就是想把父母那一辈的牧民生活、草原美食、游牧文化好好传承下去。”

@ 牧民达西

快手美食创作者，快手 ID:1776985641，粉丝 431 万

达西是来自呼伦贝尔的“90 后”牧民，大学毕业后自愿回到草原过上了传统的游牧生活。2020 年 3 月，他开始在快手分享自己真实的牧区日常，为家乡带货草原美食，受到百万粉丝关注，成为“幸福乡村带头人”。

内蒙古 肚包肉

呼伦贝尔的夏季很美，站在草原上向远处眺望，天地之间像一幅画卷，风吹草低见牛羊。

在这漫山遍野的绿色之中，牧人的蒙古包和他们成群的牛羊，如同散落的星辰，带给草原勃勃生机。达西一家，就是这众多星辰之一。

达西家世世代代生活在这片土地上，过着我们想象中的草原生活：清晨策马放牧，在夕阳余晖中踏马归来，煮一壶奶茶。

但其实，草原生活很忙碌。达西说，他们一年四季都在劳动。春天要迎接生命，牛、马、羊、骆驼生下崽子要好生照顾；夏天放牧，参加一年一度的那达慕草原盛会；秋天是丰收的季节，牧民每家都有自己的草场，要赶着在秋天把牧草收回自己的院子；内蒙古的冬天很冷，最冷时气温甚至可以达到零下 50 摄氏度。所以冬天牧民要像照顾自己的孩子一样照顾牛、马、羊。

但达西从不觉得辛苦，也不觉得枯燥，因为妻子陶陶一直陪伴他、支持他，他们从清晨起，一起劳动放牧、生火煮茶。

在达西的视频中，除了草原生活，最多的场景就是达西给陶陶做饭。一般人很难想到，这个皮肤黝黑粗糙、看似粗犷的汉子，最喜欢做的事情竟然是给一家人做饭。

过几天，两个外甥就开学了，他们要去城镇里上学，几个月都难见上一面。所以这次，达西特意准备了一条羊后腿，打算做个肚包肉，给家人聚餐添一道硬菜。

肚包肉是蒙古族特色的菜品，一只羊的羊肚只能做 5~7 个肚包肉，所以过去只有在节日和迎接重要客人时，人们才会做这道菜。现在虽然生活条件有了质的飞跃，但也只有在比较重要的日子这道菜才会被端上桌。

其实草原上的牧民，并不像大家想象中那样想吃羊肉了就杀一头羊，想吃牛肉了就杀一头牛。牧民们尊重自然法则和每一个生活在草原上的生灵，只有在秋末或节日才会杀羊吃肉。每次吃肉喝酒前，他们还会切下一小部分抛向天空，感谢自然的馈赠。

肚包肉的做法并不复杂，但对食材的要求很高：必须是“呼伦贝尔羊”。

呼伦贝尔羊是一种特殊的羊。哪怕在冬季无水的草场上，它们也可以以雪为水，以雪草为食，熬过冬季。它们在草原上一直被散养，也只有散养的呼伦贝尔羊的肉才能做出正宗的肚包肉。

平时这些羊在草原上随意跑跑跳跳，渴了就喝清澈的河水，饿了就吃各种各样的牧草。这些牧草满足了羊对营养的需求，有些还是珍贵的中草药材，以此为食的羊因此很少生病，羊肉除了不会有膻味，还会有一种独特的奶香味，完全不用焯水去腥，处理起来也很方便。

只见达西先把羊腿上的肥肉和瘦肉分开备用，取三分之一的肥肉和三分之二的瘦肉，切成肉丁，混在一起。这时，达西的妻子陶陶已经切好了长短一致的棉线在一边等着，两个人合作，用准备好的羊肚包住混好的肉馅，再用棉线把羊肚系起来。

当一个个拳头大小的肚包肉都备好后，达西在锅里加一盆水，将肚包肉冷水下锅，加大粒盐，煮上 40~60 分钟，一口爆汁、肉香四溢的肚包肉就可以上桌了。

在达西忙活期间，两个小外甥早已按捺不住肚子里的馋虫，开始吃桌上的奶豆腐和奶皮子。虽然家里的大人不断叮嘱他们少吃一点儿，但两个小家伙还是时不时趁大人不注意就塞几块到嘴里。

达西切肉时，陶陶就煮奶茶；等达西放下手里的活计，陶陶已经帮他倒了一碗奶茶放在手边，十分默契。

达西和陶陶是青梅竹马，他们初中就在一个学校，打那时起两个人就相识，没想到念大学时又恰巧在一个城市，这期间两个人时常联络，但因为并不确定未来规划，谁都没有多想。毕业后，两个人都回到了家乡呼伦贝尔，时间一久，自然而然就走到了一起，结婚生子。

他们之间并没有什么轰轰烈烈、荡气回肠的感情故事，就像草原和河流，只是互相滋润着就足以生出澎湃的生命力。

达西和陶陶已经结婚几年了，两个人不仅有老夫老妻般的默契，而且仍保有热恋情侣般的热情甜蜜。达西每次做饭前，都会认真地问妻子："陶陶，你想吃什么呀？"陶陶在达西做饭的过程中会帮忙打打下手。等到饭做好，达西总会将第一口先夹给陶陶，笑眯眯地问她觉得怎么样，陶陶则是笑得一脸幸福，说上一句："好吃，亲爱的辛苦了。"

不过，草原上的生活并不是只有这样温馨美好的一面，到了冬季，草原上的生活可以用艰苦来形容。呼伦贝尔的冬季很漫长，有时在 5 月份还会下雪。

草原上没有现代化取暖措施，甚至连基本的生活物资都很匮乏，但牧民和大自然相处了千百年，已经探索出独特的生存方式。

外面铺了毡毯的蒙古包，既可以保温，也可以抵御冬季凛冽的白毛风；夏季捡回来晒干的牛粪和羊粪，可以用来生炉子；用水艰难，但外面未经污染的雪和河里的冰，只需要融化后经过简单的过滤，就可以作为生活用水。

其实现在愿意舍弃城市的便捷去生活在草原上的人越来越少了。达西和陶陶选择回到草原，只因为简单的两个字——传承。

在达西的记忆中，小时候的自己总是在奶茶的香味中醒来，当他穿好袍子下炕时，桌上已经有备好的早餐，父母早已经在外劳作。有时，桌上有头一天包好的蒙古包子；有时候他会用奶嚼口拌炒米，再放上甜滋滋的白糖，配着咸味儿的奶茶吃下；有时桌上会有炸好的蒙古果子；如果恰好前段时间来了客人，家里杀了羊，还有手把肉可以当早餐。

吃饱喝足的达西会赶到外面帮助父母干活：帮着父亲照顾骆驼，或者帮助母亲用奶瓶儿喂刚出生的小羊，但有时干着干着无聊了，他就会开始捣乱，可能会和小羊摔起跤来，也可能不知道钻到哪里去捉蛐蛐。

达西的父亲，也一直是达西心目中的英雄。父亲是非物质文化遗产“蒙古族赛驼”和“蒙古族驼具制作技艺”的代表性传承人，在父亲的熏陶下，达西从小就对这些感兴趣。

正因为草原上的人家越来越少，游牧文化正在逐渐消失，达西和陶陶不愿意看到古老的文化、习俗和技艺销声匿迹，所以在毕业后选择回到父母身边，做一个传统的牧民。

如今，达西和陶陶在牧区依旧穿着蒙古袍、保留蒙古传统饮食习惯。他们的回归，不是因为放弃了前进，而是要自己别忘记来时的路。

肚包肉

食材

1. 羊卷肉[①]
2. 洗干净的羊肚
3. 根据自己的喜好，加入各种配菜以及汤底料

配料

葱、姜、盐

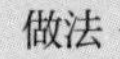

做法

第 1 步

将羊卷肉切成 2 厘米见方，肉里放葱、姜、盐腌制。

第 2 步

用洗干净的羊肚把切好的肉包起来，包成拳头大小，用洗干净的绳子系好。

第 3 步

肚包肉冷水下锅，放葱和盐调味，加入自己喜欢的配菜，如土豆、胡萝卜等，可以选用自己喜欢的汤底料。

第 4 步

用普通锅煮 1 小时，高压锅煮 40 分钟左右。

① 考虑到便利性，在家制作本菜时也可用羊卷肉，即羊肉卷。——编者注

“这么多人支持我，是因为他们喜欢我们的土菜土灶，土人烧的菜比较真实。”

@ 潘姥姥

快手美食创作者，快手 ID:1921078480，粉丝 2371 万

来自安徽金寨的潘姥姥，是美食自媒体界的“顶流”。年过六旬的她性格爽朗，总是面带笑容。一听到她的口头禅：“你这臭小子，姥姥今天给你上一课”，就知道姥姥又要在山间溪流边给小外孙做上一桌乡村美食了。

安徽

金寨吊锅

在大别山的淳朴乡村里，家家户户都靠一笼火塘取暖，靠着一锅吊锅过冬。

在天寒地冻的冬日里，架起热气腾腾的吊锅，家人朋友围炉而坐，吃菜喝酒，说说家长里短，胃暖和了，身心也得到了极大的慰藉。

大别山区冬日严寒，山珍野菜却随处可见，吊锅这种吃法不仅可以让山珍更有野味，避免汤过快变冷而凝固，还可以取暖烤火。久而久之，吊锅就成为当地人冬日里主要的饮食方式。

金寨吊锅，作为传承千年的大别山传统乡村美食，始终不曾离开大别山人的饭桌。

今年开春，潘姥姥家的火笼也重新烧了起来，吊锅里飘出的香味不知馋哭过多少粉丝。

潘姥姥的家和大多数的农家院一样，普通小平房前搭了一个小院子，鸡啊、鸭啊、猪啊就养在小院子边上的棚屋里；院子前有一大块草坪，远处是一片翠绿的竹林。一条清澈见底的小河从竹林边上缓缓流过。

潘姥姥常常会在河边洗一些自家种的蔬菜瓜果或从山里随手挖来的野菜菌菇。洗干净的食材通常被放在房屋草坪架起的桌子上等待烹饪，但像吊锅这种肉菜，还是在那间挂满腊肉腊肠的柴火厨房里做才更合潘姥姥的心意。

在大别山下大多数农村的厨房里，为了保持地面的干净干爽，铺上了水泥，但又都独留着一个土坑。土坑的大小和深度都像一个脸盆，这就是专门用来取暖的火塘。山区海拔高、气温低，到了冬天，这里比平地寒意更深，村民们就靠在火塘里燃烧杂木来驱寒。后来又顺手在杂木上架起了吊锅，小火慢煮腊肉和各色蔬菜。潘姥姥管火塘叫“火笼”。潘姥姥说，新建的房子没有土坑的话，有些人家在地上直接用砖头垒起一个大小相当的火塘，那也是可以实现吊锅自由的！

当地的人们对吊锅的喜爱，可见一斑。在潘姥姥心里头，这吊锅有着不一样的意义。

潘姥姥在家中排行最后，前面有六个姐姐，还有一个年纪大她两轮多的哥哥，哥哥姐姐们对老幺潘姥姥都非常疼爱。因为父亲去世早，长兄如父，是家中的哥哥打工赚钱供年幼时的潘姥姥上的学。

在潘姥姥的记忆深处，最美味、最难忘的那一锅吊锅，就是在新婚的哥哥家吃的那一锅。现在回味起来，潘姥姥还是忍不住反复强调：“实在是太好吃了。”

五十年前的生活还不像现在这么富裕，人们吃的吊锅配料大多是蔬菜、菌菇，少见油花。恰逢嫂嫂家来亲戚，新婚的哥哥用平时舍不得吃的腊肉、腊肠，做了一锅热气腾腾、香气扑鼻的吊锅，兄妹几个陪同嫂嫂围在吊锅前吃着腊肉，听着火笼里的柴火烧得啪嗒啪嗒响，再寒冷的冬天都盖不过人心里的温暖和满足。

回忆起过去的日子，潘姥姥说：“做什么饭菜其实不重要，重要的是一起吃饭的人。”

有自己的小家后，潘姥姥也给家人做吊锅，尤其是在严寒的冬天。随着生活日渐富裕，吊锅里的荤菜越来越多，素菜逐渐成了点缀，潘姥姥的儿孙们最爱吃的，也是潘姥姥煮的那一锅红烧猪蹄吊锅，外孙、儿女们简单的一句“我想吃”，就是潘姥姥最大的动力。

“姥姥！我好想吃猪蹄吊锅啊！”

“臭小子！就你嘴馋！你等着，姥姥给你做一个！”

潘姥姥对孙辈的宠爱溢于言表。接着，她就马不停蹄地开始准备食材，开火做饭。

做金寨吊锅时，生肉一般是不会直接下锅的，这一点有别于现在我们常吃的涮火锅。另外，和北方大杂烩或者四川麻辣火锅相比，金寨吊锅更讲究“无味最有味”，食材大都是山珍野味，连佐料都很少加，吃的就是食材的原汁原味。

荤菜要先炒熟或者炒至半熟，红烧、油焖还是煎炸全看个人口味的喜好。潘姥姥会先将猪蹄焖熟、入味，不用加太多的调味料。将葱、姜、蒜炒香后倒入猪蹄，再加适量的盐和酱油翻炒，炒至七八分熟后加一些青红辣椒提鲜、点缀。

炒糖色、倒猪蹄、下香料、加盐，翻炒几下再加水焖煮。

潘姥姥说，做饭最怕心急，需要耐心和细心。红烧猪蹄焖至七八分熟时最合适。不断添柴加火之后，锅气十足的红烧猪蹄就焖得差不多了，喷香的猪蹄带着满满的胶质，看着就让人食欲大增。这时候再加入一些青红辣椒，翻炒几下，就可以盛进吊锅里了。

当地人喜欢用竹笋、金针菜和蕨菜等野菜给吊锅垫底，这样既可以防止粘锅，也可以让野菜更入味，但是姥姥一般不这么做。

潘姥姥喜欢把菜做得更精致、更有仪式感。吊锅的素菜从不垫锅底，而是码在肉菜的上面，错落有致地围成圈或叠放，赏心悦目。

所以，猪蹄从大锅入吊锅，潘姥姥就把菌菇、青菜等素菜，整整齐齐地摆在了最上面。大外孙接过冒着热气的吊锅，挂在房屋顶延伸下来的木钩子上，火笼里加大火力，一家人围坐在火笼旁就可以开吃了！

儿孙们都对潘姥姥做的美食赞不绝口，这个场面用潘姥姥的口头禅说就是，“俏巴”得很！

看着孩子们争先恐后地夹着菜，听着火笼里柴火啪嗒啪嗒的响声，潘姥姥常会笑得合不拢嘴。

在吊锅边聊起自己的意外走红，潘姥姥还有几分羞赧：“其实是我大儿子回家乡创业，想拍视频、做自媒体。我想支持他，所以也坚持了下来。别人说‘姥姥真行，六七十岁了还能挣钱’，其实我们也挺辛苦。一年 365 天，我们每天都拍，太阳晒就忍着，下大雨就打伞。这么多人支持我，是因为他们喜欢我们的土菜土灶，土人烧的菜比较真实。”

在很多村里乡亲的心里，潘姥姥不仅做菜好吃，做人做事更是爽朗仗义得没话说：为灾区捐款，为孤寡老人做饭，如今更是带动了更多的年轻人回乡创业。

潘姥姥说，大别山里有好山好水好味道，她想让更多的乡村家庭都能够有闲情逸趣，一家人围炉而坐，一边取暖一边吃菜喝酒。

1

金寨吊锅

食材

1. 五花肉 500 克
2. 土鸡 1 只
3. 猪蹄 2 个
4. 鸭掌 4 个
5. 鹌鹑蛋
6. 花菜
7. 鸡蛋饺

配料

盐、料酒、生抽、酱油、花椒、干辣椒、葱、蒜

做法

第 1 步

把五花肉切成方形或三角形肉块，焯水备用。

第 2 步

锅中炒糖色。加入五花肉，放入大料、葱、姜、蒜和盐。

第 3 步

加入适量开水，大火焖，然后收汁捞出备用。

第 4 步

把土鸡切成块备用。

第 5 步

在锅中放入油、葱、姜、蒜、酱油、盐，把鸡块入锅中翻炒，然后加入干辣椒。加入开水，用中火把鸡块焖熟，捞出备用。

第 6 步

处理猪蹄和鸭掌有两种方法，一种是普通的红烧，另一种是卤。猪蹄和鸭掌需要提前红烧或卤好，可以买现成的；然后把五花肉、鸡块、猪蹄和鸭掌一起放入吊锅。在锅边放上鹌鹑蛋、蛋饺及花菜点缀即可。